高等院校艺术设计类“十三五”规划教材

总主编　刘维亚　马新宇　周　勇　罗　兵

印刷美术与工艺实训

主编　周　勇　罗　兵

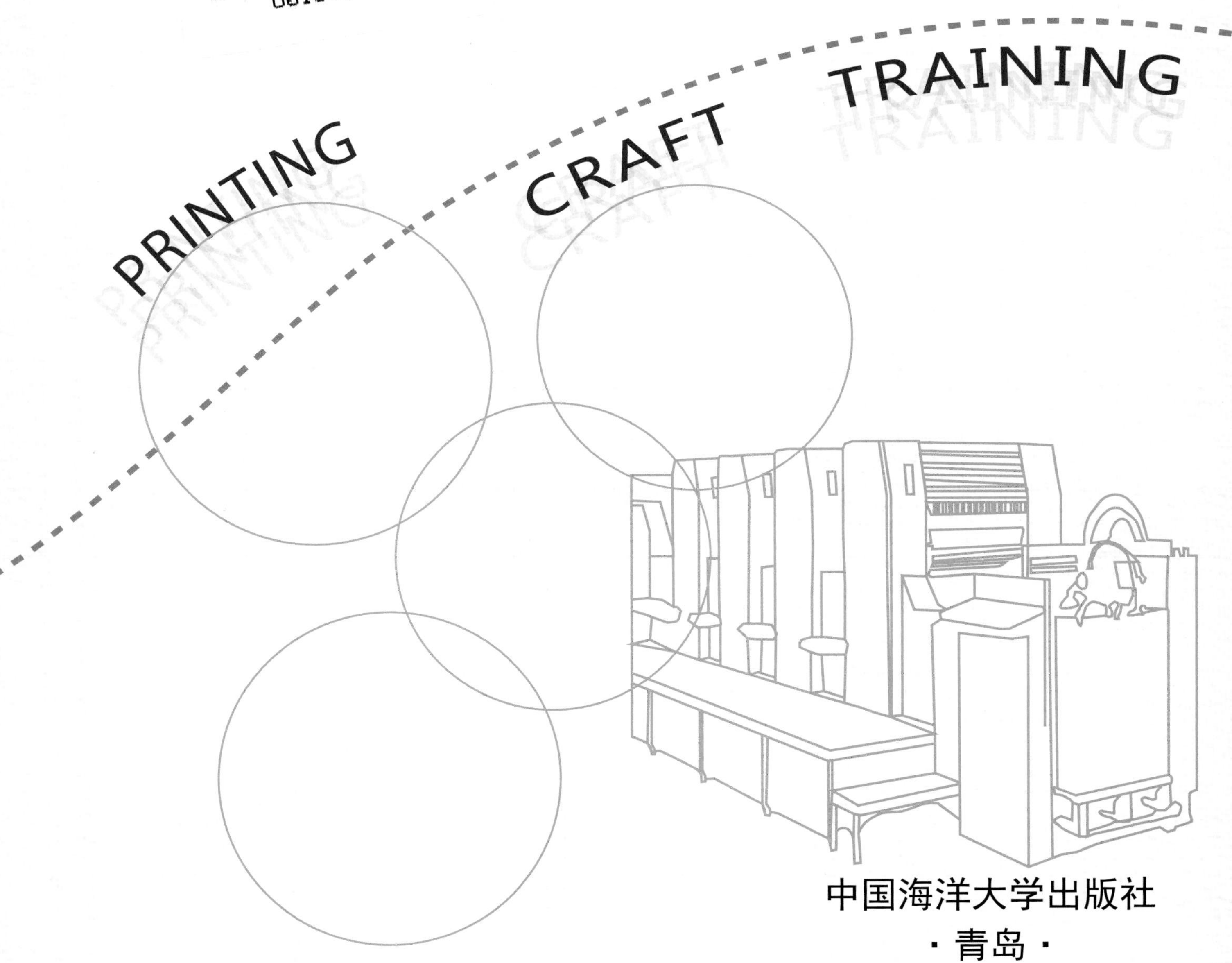

中国海洋大学出版社
·青岛·

图书在版编目（CIP）数据

印刷美术与工艺实训 / 周勇，罗兵主编. — 青岛：中国海洋大学出版社，2014.3（2021.08重印）
ISBN 978-7-5670-0574-7

Ⅰ. ①印… Ⅱ. ①周… ②罗… Ⅲ. ①印刷—工艺设计—教材 Ⅳ. ①TS801.4

中国版本图书馆 CIP 数据核字（2014）第 058095 号

出版发行　中国海洋大学出版社
社　　址　青岛市香港东路 23 号　　邮政编码　266071
出 版 人　杨立敏
网　　址　http://pub.ouc.edu.cn
电子信箱　tushubianjibu@126.com
订购电话　021-51085016
责任编辑　矫恒鹏　　电　　话　0532-85902349
印　　制　上海万卷印刷股份有限公司
版　　次　2014 年 4 月第 1 版
印　　次　2021 年 8 月第 2 次印刷
成品尺寸　210 mm×270 mm
印　　张　6.5
字　　数　172 千字
定　　价　42.00 元

现代设计以科学、技术、文化、艺术、市场诸元素构建了独有的特质。它被科学催生、发展、升级、丰富。人们用技术使设计物化、精致并具备功能；以文化使设计具有灵魂、品质与趣味；将艺术赋予设计容貌、精神和情绪；借市场为设计提供着陆的终端及价值。

现代设计对个性化无止境地追求及探索，也启迪了科学发现的路径，加快了技术升级的频率。特别对品位与形式创新的执着追求，使时尚文化艺术风生潮起、澎湃不息。现代设计在顺应市场需求、迎合受众群体的品牌推广过程中，也在推销设计者的创意作品及理念，从而形成市场的营销理念，引领消费。

现代设计是借助科学技术手段，向服务对象推销创意规划设计的系统行为。要使创意设计形成产业化，就需要一批素质优秀的创意团队。目前根据产业发展对这方面具有高规格综合能力的人才需求，对高校教育对应专业的教学模式、教学内容、教学方法提出了新的挑战。为此依据教育部艺术设计专业相关课改精神，组织相关的教育学者及行业专家编写艺术设计教材系列丛书，为更好地培养现代设计创意人才提供必要的条件。

此套教材强调理论与实践相结合、教育与产业相结合、教法与经典案例剖析相结合。采用启发式的教学模式，使初学者了解并掌握设计创意全过程中的关键要素，也对专业设计人员具有一定的启迪作用。学习者通过了解艺术设计相关课程的概念、历史、发展脉络、构成要素、创意策略、表现手法、专业特点、设计流程、创意呈现效果，并借鉴典型案例的创作经验，反复地尝试体验，逐渐形成自己具有个性化的设计。设计的实现需要新材料、新技术、新工艺、新设备等去完成，这样就要求学习者在反复实践中了解材料功能及选择、制作工艺设定、图形及型体制作规范、设计流程品质体系等，获得成品最终效果。由此可见，重视实践环节教学是艺术设计专业高等教育培养高技能人才的关键。

本套教育部重点专业建设项目配套系列教材，注重艺术设计专业教育规律，展现与产业结合培养应用型人才的理念，突出知识体系中理论与技能紧密融合的特色，形成创意思维可教、原创设计可行的路径。其中部分教材，框架搭建合理，内容选择富有时代感，知识介绍清晰，案例分析到位，文图配合相互增色，实践环节设计富有创意，在同类教材中独具特色。

期待本套教材在艺术设计领域应用型人才培养过程中发挥出独特的作用。

刘维亚　马新宇

2014年3月

印刷美术设计与印刷工艺一直以来都是平面设计专业的重要课程，国内外的高等院校，都将其定为平面设计专业的必修课程。涉及的平面设计门类包括包装设计、书籍设计、广告设计以及通过印刷实现传播的纸制媒介设计等。此课程的教学目的，一方面是使学生掌握印刷的基本概念及其产生、发展的历史演变和印刷文化；另一方面则是为平面创意设计如何实现印制提供行业知识与标准规范。

当今，多媒体时代带来传播形式的改变，全球印刷业面临挑战，但在商品包装、书籍设计方面仍然呈现持久的生命力，尤其是在短版印刷市场呈现上升趋势。商品通过包装印刷设计提升附加值，书籍通过印刷设计提升形象。在教学实施方面，本教材不仅是教科书，同时也是工具书，印刷行业的技术标准、参数、设计规范与印前设计知识、印刷分类与印后工艺都是学习平面设计不可或缺的必要知识领域。这一点也是编写这本教材必要的原因之一。

在编写上，本教材以培养技能型、知识型、发展型人才的基本理念为宗旨，从适应高等院校学习的角度出发，阐述基本的理论知识，介绍印刷行业的基本概念。通过课程的实训作业，达到设计完稿能力的锻炼，强调创意设计和印刷工艺的应用。

在内容和形式的编写方面，突出基本概念，印刷行业的基础知识、技术标准、行业规范以及技术示意图和图片材料的应用。除了文献类的历史材料外，还提高了图片类材料的比例，从而在视觉形式上有直观、形象的特点。另外，引入了设计案例分析既丰富了教材的内容，又加强了教材的实用性。

本教材编写过程中，我们得到了印刷包装行业设计大师刘维亚、马新宇教授的悉心指导，特别是在印刷行业的技术名词、规范分类、技术前沿等方面纠正了许多过时和准确度不够的地方，在此对他们一并表示感谢。

编者

2014年3月

教学导引

一、教材适用范围

本教材是平面设计专业重要的专业设计基础课程之一，是学生掌握从创意设计到实现印刷复制相关知识的必经途径。课程以印刷基本概念为主导，以行业技术参数、规范设计为依据，通过对书籍、包装、纸制媒介完稿设计过程的强化训练与相关理论的系统梳理，激发学生的主动性和创造性。本教材适用于高等院校平面设计专业师生，是相关课程的教学参考用书，也是社会相关设计师培训的针对性教材。

二、教材学习目标

1. 了解印刷美术创意设计流程、设计特点、设计内容及设计程序。
2. 掌握印刷美术设计不同类型的设计风格与印刷属性特征 。
3. 熟悉相关技术规范及构造知识点，使学生的设计有据可查。
4. 系统、全面培养学生印刷工艺应用的设计能力，使学生明确设计以适应印刷复制为出发点。

三、教学过程参考

1. 资料收集。
2. 案例考察。
3. 衍变过程记录。
4. 作业循序渐进。
5. 进程汇报与点评。
6. 作业完成与反馈。

四、教材建议实施方法

1. 课堂演示。
2. 印刷厂见习、印刷博物馆参观。
3. 案例讲解。
4. 设计完稿实训。
5. 作业评判。

建议课时数

总课时：60课时

章　节	内　容	课　时
第一章	印刷概述	2
第二章	印前设计必备知识	2
第三章	印刷美术设计	4
第四章	印刷与印后工艺	4
第五章	设计与印刷工艺实训	48

CONTENTS

第一章 印刷概述

印刷术是我国古代四大发明之一，也是人类历史上最伟大的发明之一。

印刷术是人类文明痕迹的形态保留，也是检验一个国家文明程度的一种标志，被誉为人类的“文明之母”。

第一节　印刷概念

印刷（printing）是在固体材料的表面批量地复制图文的技术，是人类保存和传播信息的一种手段，通过制成印版或其他方式，借助专门的机器设备，在压力或其他方式的作用下，用油墨或其他着色涂料，将原稿上的文字、图像信息转移到纸张或其他承印物表面上的复制技术。印刷通常是高速批量生产。随着商品生产的发展，印刷已从传统的手工业逐步发展为技术先进、应用广泛、服务性强的机器加工工业。运用印刷技术，可以生产大量传播信息和美化生活的产品：图书、报纸、杂志、画册、地图、招贴、商品标签和目录、表格票据、有价证券、产品包装材料及各种日用印刷品。印刷技术还与电子器件、纺织服饰、陶瓷贴花、建筑材料的生产相结合，为丰富人们的物质生活发挥着重要作用。

1. 印刷五大要素

印刷是以原稿、印版、印刷油墨、承印物、印刷设备五大要素为基础的技术。

（1）原稿

今天，我们对原稿的理解应该分为两个阶段：在计算机印前系统普及和应用之前，印刷原稿主要指印刷所需的文字原稿、图片原稿、绘画原稿、图表原稿、设计原稿等，它是由客户提供给制版公司或印刷厂进行制版、印刷的依据；在输出和印刷业计算机已经完全普及的时代，设计师给输出中心或印刷厂的原稿与传统印刷中所指的原稿已经完全不同了，它通常是一个拷贝了全部数字化图像、图形和文字的文件。但无论是传统的模拟式印刷原稿还是现在的数字式印刷原稿，按印刷工艺一般都分为文字原稿和图像原稿两大类。

（2）印版

印版，即供印刷使用的原稿（或称为模板）。它是由原稿到印刷品的印刷过程中重要的媒介物，用于传递印刷油墨至承印物上。印版因所使用的印刷工艺和方式不同而分为凸版、平版、凹板、孔版四大类。这四类印版不仅印刷部分和空白部分的高低位置和结构不同，而且制版的版材、制版方法、印刷方法也各不一样。

凸版：是图文部分明显高于空白部分的印版。常用的凸版有活字版、铅字版、铜锌版（图1–1）、树脂版等。

平版：是图文部分与空白部分几乎处于同一平面的印版。以版基材料分类有石平版、铝平版（图1–2）、纸平版和玻璃平版等；以感光胶体和制作特点分类有阿拉伯树胶版和预涂感光板（PS版）等。

印版的作用是经过出片、晒版或其他制版工艺，将原稿区分为图文部分和非图文部分，非图文部分形

图1-1 铜锌版

图1-2 铝平版

成的空白亲水排墨，图文部分则接受油墨。印刷时，附着油墨的图文被转印到承印物的表面，达到印刷的目的。

现在最为普及的平版胶印印版是通过输出的印刷胶片经晒版后转移到特制的金属PS版上，所以胶印印版也称为PS版。

凹版：是图文部分明显低于空白部分的印版。常用的凹版有铜印辊（图1-3），通过感光腐蚀再镀铬；钢印辊，采用电子雕刻等。凹版印刷所用凹版一般直接制作在印刷机滚筒上。

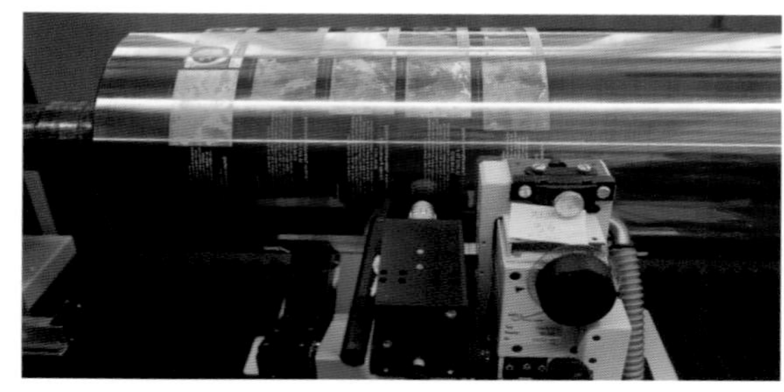
图1-3 铜印辊

图1-4 丝网版

孔版：是一种图文由大小不同的孔洞或大小相同但数量不等的网眼组成的、可通过油墨的印版。常见的孔版有誊写版、镂孔版、喷花版和丝网印刷版（图1-4）等。

（3）印刷油墨

油墨是印刷过程中被转移到承印物上的成像物质，是获得印刷图文的主要材料之一，是体现原稿图形和色彩的重要因素。油墨通过墨辊滚涂在印版的着墨部分，在印刷机械的压力作用下被印到承印物的表面，从而留下图文的印刷痕迹。

由于不同的印刷工艺及不同的印刷产品对油墨性能的要求不同，油墨可分为凸版油墨、平版油墨、凹版油墨和孔版油墨等（图1-5、图1-6）。

按被印刷物的不同，油墨可分为纸张印刷油墨、

图1-5 平版油墨

图1-6 孔版油墨

图1-7 金属印刷油墨

图1-8 玻璃印刷油墨

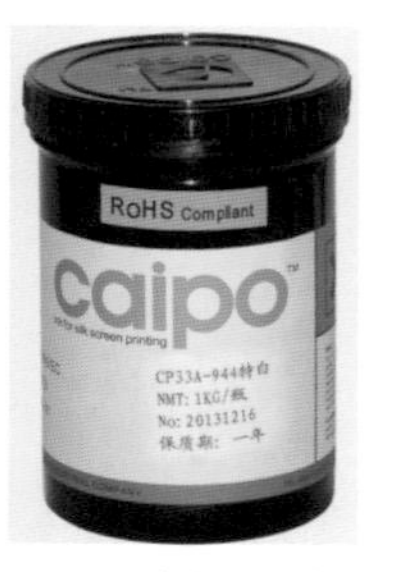

图1-9 陶瓷印刷油墨

图1-10 UV表面印刷油墨

塑料印刷油墨、金属印刷油墨、玻璃印刷油墨、陶瓷印刷油墨、针织品印刷油墨等（图1-7至图1-10）。

按油墨特性分类可分为油性油墨、水性油墨、透明性油墨、金属油墨、珠光油墨、偏珠光油墨、紫外线油墨、红外线油墨、热感应油墨、光感应油墨、荧光油墨、消光油墨等。

（4）承印物

承印物是指印刷过程中承载吸附图文墨色的各种材料。传统的印刷是转印在纸张上。随着印刷技术的发展和现代科技的进步，印刷承印材料越来越多，种类不断扩大。习惯上，人们把以纸张为承印材料的印刷都称为普通印刷，而把纸张以外的其他承印材料（塑料、织物、木板、金属、玻璃、皮革等）的印刷称为特种印刷。

（5）印刷设备

印刷设备主要是指用于印刷的制版、印刷和印后加工设备。印刷设备根据印刷方式的不同，其种类、型号、品牌和档次也不同。如印刷机按印版类型的不同分凸版印刷机、平版印刷机、凹版印刷机、孔版印刷机和特种印刷机等。每种印刷机又按印刷幅面、机械结构、印刷套色等有不同型号，供不同用途的印刷使用。

制版机械的主要功能是将原稿上的图文信息经过中间媒介的转移，使得印刷版材获得图文信息，即制得印版。常用的制版机械有：制版照相机、电子分色机、照相排字机、显影冲洗机、拷贝机、晒版机、打样机等。

印后加工机械是印刷后加工设备的总称。按功能可分为切纸机、折页机、配页机、订书机、包封面机、打包机及覆膜机、上光机、压光机等。

2. 印刷技术模式

（1）有版转移印刷

有版转移印刷是指采用菲林晒版式印刷，使用印版或其他方式将原稿上的图文信息通过印刷油墨和压力转移到承印物上的工艺技术。由于彩色桌面出版系统的不断完善，传统的印前工艺和手段已经基本采用网屏CTP直接制版式印刷方式替代。科学技术的发展和计算机的广泛应用，使传统印刷工艺的组织结构发生着巨大变化。印刷技术从模拟化向全数字化的方向发展，印刷的数字化运用也是未来印刷方式的发展趋势（图1-11）。

（2）无版转移印刷

无版转移印刷又称“数字印刷”，是指将数字式页面直接转换成印刷品，无需其他中介环节的印刷

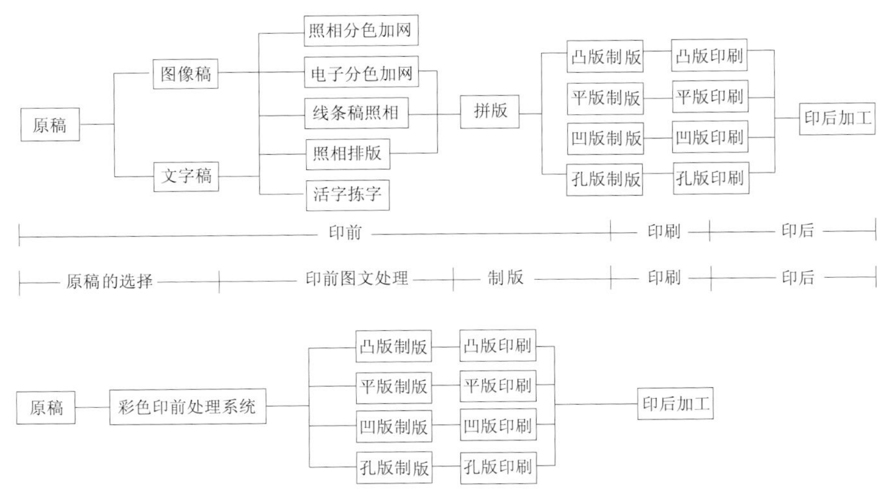

图1-11　有版转移印刷与直接制版式印刷模式对比

复制技术。它是一种完全不同于有版转移印刷的现代化印刷方式，是从计算机直接到纸张或印品的处理过程。无版转移印刷方式具有如下特点。

① 不需要印刷胶片和印版。从原理上讲，它不再使用传统的固定印版，因此不需要印刷胶片和印版，无水墨平衡问题，简化了传统印刷工艺中许多烦琐的工序。

② 可实现个性化印刷和按需印刷。因为无印版，数字式印刷可以使任何相邻的两张印品都不一样，实现了可变信息印刷，即个性化印刷。由于它省去了制版成本，因此，在短版印刷市场占有极大优势，可实现按需印刷。

③ 可联机作业。数字式印刷技术是将数字印刷与网络技术相结合，是建立在数字信息处理、高密存储和网络传输基础上的全数字式生产流程。设计师可以将原稿、电子文件或从Internet网络系统上接受的各种网络文件输入计算机，在计算机上进行创意设计，经过RIP（路由信息协议）处理，这些信息被转换成相应的单色像素数字信号，可直接传送到承印物上，或者传至中间过渡的成像系统，控制成像系统的曝光，经感光后形成可吸附的油墨或墨粉，从而构成图像或文字，然后再转印到纸张等承印物上。数字式印刷完全克服了传统印刷过程中因以实物为载体进行转换、仓储和交通运输所带来的时间和地域障碍。

④ 印刷操作简单。数字式印刷机操作简单，由于技术和价格等方面的原因，现在还处于辅助地位，但它无疑代表了未来印刷技术的发展方向（图1–12、图1–13）。

图1–12　轮转式数字印刷机

图1–13　适应多种材料的大型彩喷机

（3）特殊印刷

特殊印刷并不是指印刷版式特殊，而是指印刷承印物的特殊。因此制版及印刷的方法也随之而异。常见的特殊印刷主要有以下几种。

① 热转移印刷——热转移印刷是利用特殊的转移印刷纸或转移印刷薄膜先印上图案，然后再转移印刷到承印物上，多用于陶瓷贴花印刷、纺织品印刷、商品标签印刷等。热转移印刷主要有热压转移印刷、升华热转移印刷、脱墨热转移印刷和植绒热转移印刷等。

② 防伪印刷——防伪印刷技术是一种综合性的防伪技术，包括防伪设计制版、精密的印刷设备和与之配套的油墨、纸张等。单纯从印刷技术的角度来看，防伪印刷技术主要包括：雕刻制版、用计算机设计版纹、凹版印刷、彩虹印刷、花纹对接、双面对印技术、多色接线印刷、多色叠印、缩微印刷技术、折光潜影、隐形图像和图像混扰印刷等工序。

③ 真空镀膜、铝箔复合印刷——铝箔是用铝块压展而成的薄片，如同纸张，通常其厚度为0.01～0.02mm。当压展到最后阶段时，用两块同时压延，成为表里两面的铝箔。铝箔最主要的特性是防止潮湿，并有遮光作用，因此普遍应用于香烟包装或胶片包装。若在铝箔背面贴上纸张或塑胶膜，则其用途更为广泛。铝箔印刷大都采用凹版印刷方式，由于铝箔是卷筒式的，故印刷机采用圆版圆压轮转机，适合于数量较大的印件。由于铝箔有显著的防潮防湿功能，所以通常作为食品包装的材料使用。

④ 塑料印刷——PET、OPP材料的主要特性是防

湿、光亮、美丽而又卫生，因此多应用于食品包装上。是透明纸经过印刷后对表面与背面处理，使之成为塑胶薄膜，分为透明和不透明两类。透明为透明纸熔接塑胶膜；不透明又分为金属箔熔接塑胶膜、纸张熔接塑胶膜、透明纸和UV金属箔同时熔接塑胶膜三种。印刷一般以凹版印刷方式为主，也有采用平版印刷与丝网UV版印刷的。由于纸也是卷筒式的，故其印刷机为轮转凹印机，适合大数量的印刷物，如食品、纺织品、医药品、香烟、化妆品、机械零件等。

⑤ 金属印刷——马口铁及铝皮拉伸成型，在日常生活中比较多见，如罐头盒、糖果盒、食品包装等，琳琅满目，光艳夺人。由于金属本身是光亮材料，印上色彩后更加艳丽。一般使用红外线平版印刷方式。印刷之前先以酸液清洗铁皮，然后再上一层防锈漆料，等印刷完毕后再加工制罐。如果用作食品罐头盒，需特别处理。一般使用的马口铁材料便宜，但易生锈，因此被一种新材料——铝皮所取代。以铝块延展制成铝皮，再经内部加工处理后，就是最佳的食品包装材料。

⑥ 软性金属轮转印刷——软性金属轮转印刷是一种极为普遍的印刷方式。日常用品如牙膏管、药膏管、颜料管等。由于所装内容物质不同，所以内部涂料要防止化学变化。一般使用平版印刷方式，采用自动化设备一贯的作业方式，从软性金属的内部处理到表面印刷，最后灌入内容物再行包装，生产极为快速。这种机器设备并非一般的印刷机，而是专用设备。

⑦ 柔性印刷——柔性印刷主要是必须考虑塑胶软片的一些特性：印刷时机械张力伸缩性的多寡，油墨对非吸收面的影响，热度的收缩性等问题。从印刷方法来看，使用最多的是凹版印刷，色调丰美，油墨的转移量很好，各种树脂溶剂均适用。塑胶软片是单独印刷后再与其他胶片贴合而成，以食品包装为例，其包装材料必须具有防湿、无臭、无味、防透气等特性。

⑧ 光栅、折光印刷——印刷品经过光栅、折光印刷加工处理后，能使人看了即产生深度立体感。光栅、折光印刷一般分为透过式与反射式两种。透过式是指立体印刷物的背面以荧光灯照射而在视觉上产生立体感。反射式是在印刷物表面贴上一层有折射作用的透明镜片，从而在视觉上造成立体感觉。透过式立体印刷是以彩色软片或者塑胶软片为材料，以平版印刷印制而成。反射式立体印刷是对铜版纸之类的纸张施行精密平版多色印刷，另外将透明塑胶制成波浪型透明镜片后放在印刷物上面密贴而成。总之，光栅、折光印刷是光学原理与印刷技术相互配合的产物，视觉上的错觉也是关键。由于光栅、折光印刷产品有特殊趣味，因此广受大众喜爱，在广告媒体中应用极广，如风景明信片、年历卡、海报、标签、吊卡、扑克牌、火柴盒等。

⑨ 浮出印刷（凸字粉印刷）——浮出印刷就是使平面上的印刷物变成立体凸状的印刷加工方法。在商业中很有利用价值，特别是赠送礼物的包装纸、标签、包装盒等，印刷效果高贵大方，更能显现其包装商品的价值。印刷方法极为简单，就是在普通的印刷物印刷之后，把树脂粉末（如中国香港目前所使用的松香粉之类）撒布在未干的油墨上，粉末立即融解在油墨里，然后加热，就能使印刷部分隆凸起来。浮出印刷所使用的粉末分为有光、无光、金色、银色、荧光等。浮出印刷一般采用凸版印刷与平版印刷两种方式。这种印刷机器一般均为半手工化制作，但目前已被发展为全自动化机器，即采用由印刷到上热的一贯作业方式，使得生产量急速增加。目前利用最为广泛的莫过于立体面壁纸，其他如包装纸、标贴、包装盒、名片、信封、信纸、贺年卡片等均应用广泛（图1–14）。

图1–14　浮出印刷（凸字粉印刷）

第二节　印刷分类

在20世纪40年代以前，各种印刷方法都需要通过一定的机械压力，才能使印版上的油墨或色料传递到承印物的表面，因此均属于接触印刷的范畴。而静电印刷、热敏印刷、喷墨印刷等新技术，不依靠压力，甚至不需印版，而使承印物产生鲜明的文字和图像，因此被称为无压印刷或无接触印刷。印刷机与印刷品的种类繁多，应用范围极为广泛。按印刷的形式分为压力印刷、无压力印刷两大类（图1–15）。

1. 压力印刷类

（1）按印刷机械种类分

按印刷机械种类安装版和压印结构分为平压平式、圆压平式和圆压圆式印刷机。

平压平印刷机——印版支承体和压印体都是平的印刷机。

圆压平印刷机——印版支承体是平的，而压印体是圆筒状的印刷机。

圆压圆印刷机——印版支承体、转印体都是圆筒状的，完成印刷过程时全作旋转运动的印刷机。

选择何种印刷方法最为合适，要依据原稿的类别、印刷的条件、承印物材料的性质以及对印刷品的质量要求等来决定。

（2）按印版种类分

印刷机按印版形式通常分为凸版印刷、平版印刷、凹版印刷和孔版印刷。一些特殊的印刷方法都可归纳到以上四种印刷技术中去。

① 凸版印刷——凸版印刷简称“凸印”，是采用凸版进行印刷的一种印刷方式。其原理类似于印章和木刻版画，是一种直接加压的印刷方法。凸版印刷的印版其图文部分是凸起的，高于空白部分。当墨辊经过印版时，凸起的图文部分可以附着较厚的油墨，凹下的空白部分则接触不到油墨。印刷时，由于压力的作用，图文部分的油墨被转移到承印物表面（图1–16至图1–18）。

② 平版印刷——平版印刷不同于凸版印刷，由于印版上图文部分和非图文部分几乎处于同一平面，故称“平版印刷”。它是利用油、水不相溶的原理，通过化学处理使图文部分具有亲油性，空白部分具

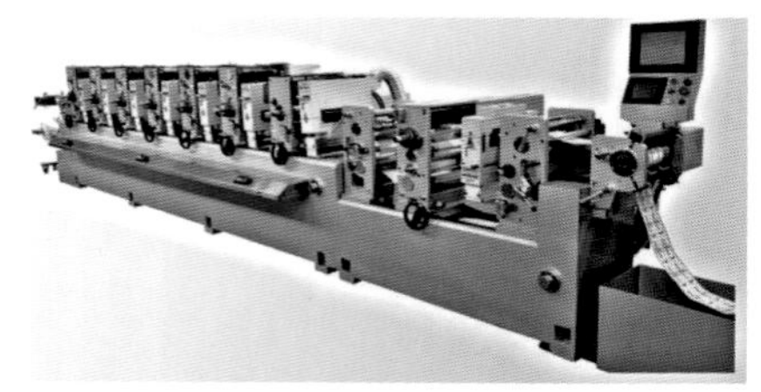

图1–16　凸版印刷机

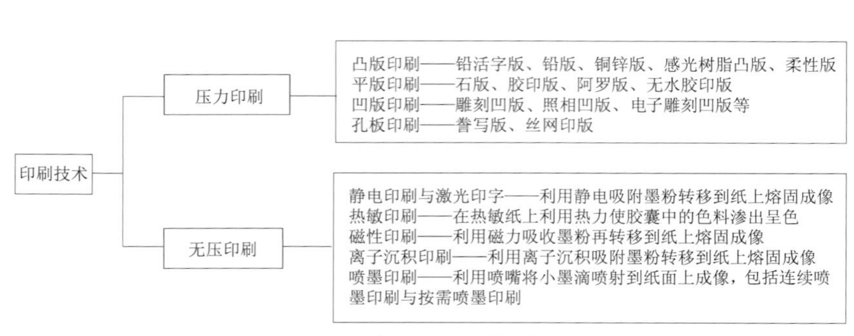

图1–15　有压与无压印刷分类

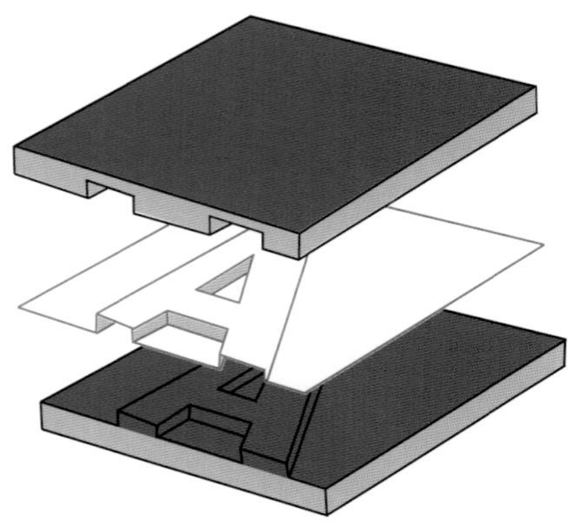

图1–17　凸版印刷示意图

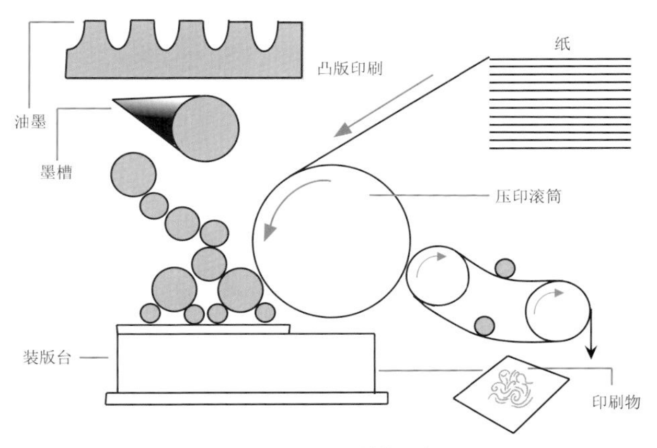

图1-18　凸版印刷结构示意图

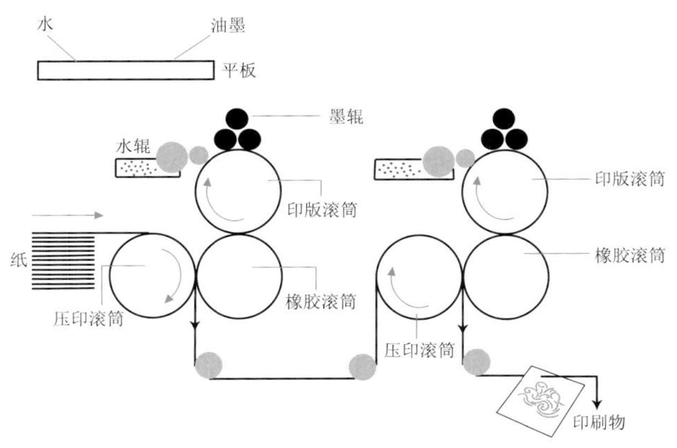

图1-21　平版印刷结构示意图

有亲水性。印刷时要先用润湿液润湿印版的非图文部分，使其形成有一定厚度的均匀抗拒油墨的水膜，在压力的作用下，印版将图文油墨先印到橡皮滚筒上，然后经橡皮滚筒将图文油墨转印到承印物上。今天我们常说的平版印刷通常是指平版胶印（图1-19至图1-21）。

③ 凹版印刷——凹版印刷是采用凹印版进行印刷的方式。在凹印版上，图文部分凹下，空白部分凸起。凹版印刷的原理是先使整个印版表面涂满油墨，然后用特制的刮墨机构把空白部分的油墨去除干净，使油墨转移到承印物表面（图1-22至图1-24）。

图1-19　四色平版（胶印）印刷机

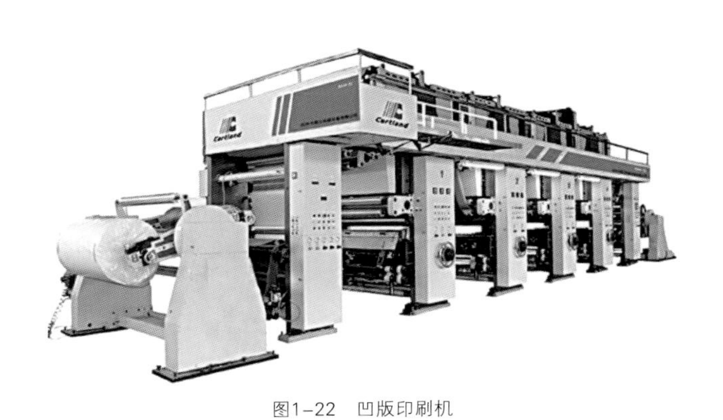

图1-22　凹版印刷机

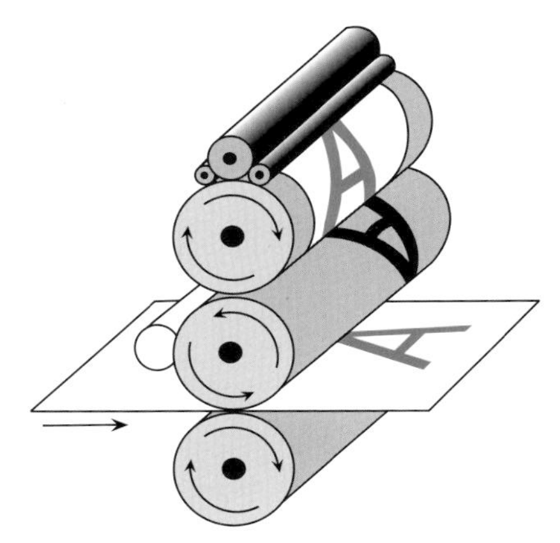

图1-20　平版印刷示意图

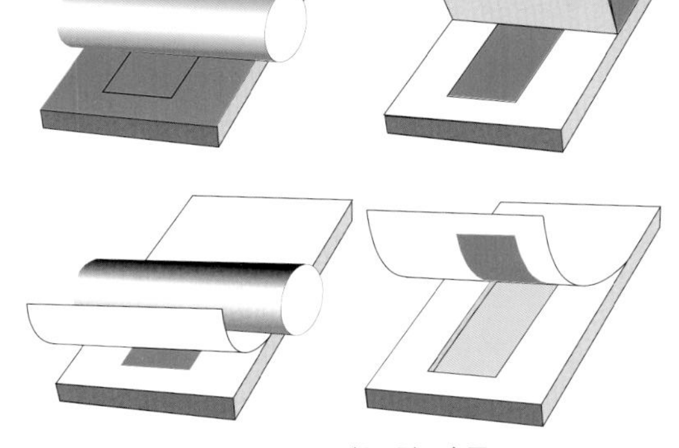

图1-23　凹版印刷示意图

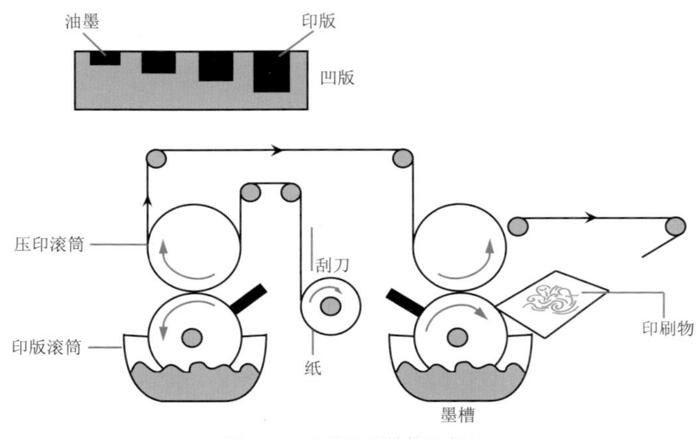

图1-24　凹版印刷结构示意图

④ 孔版印刷——孔版印刷是采用孔印版进行印刷的方式。它是利用绢布或金属网透空的特性，将图文部分镂空，非图文部分涂以抗墨性胶质体保护层，油墨从图文镂空部位漏印至承印物上，而空白部分则不能透过油墨。孔版印刷所用印版主要有誊写版、镂空版和丝网版等（图1-25至图1-27）。

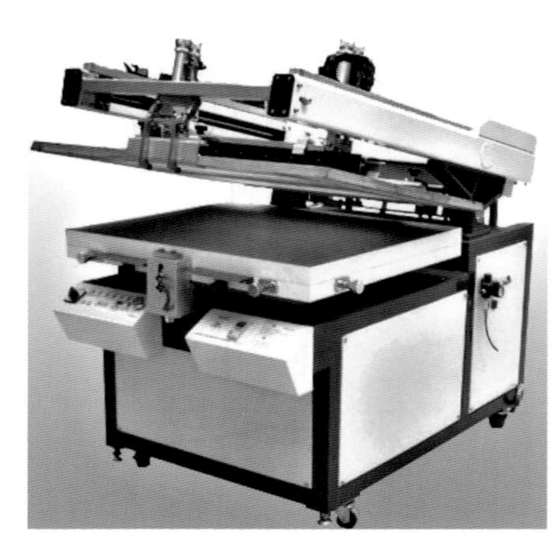

图1-25　丝网印刷机

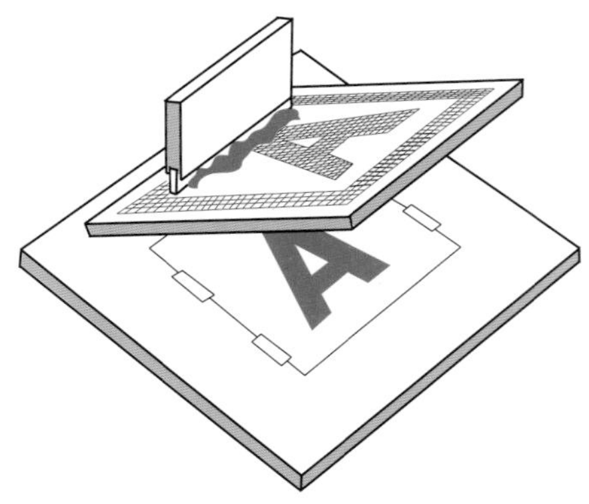

图1-26　丝网印刷示意图

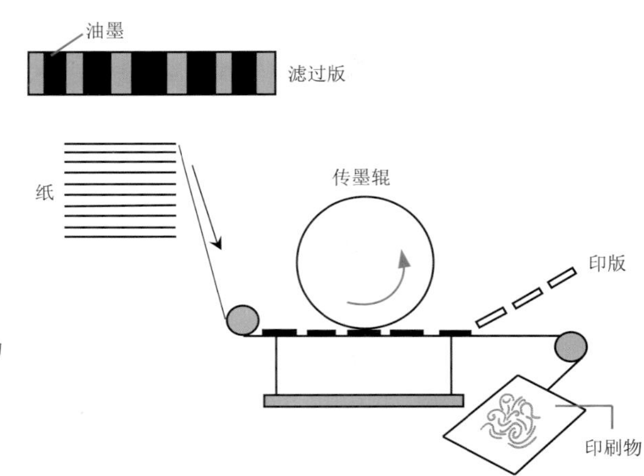

图1-27　丝网印刷结构示意图

（3）按印刷机使用纸张形式分

按印刷机使用纸张形式分为单张纸印刷机与卷筒纸印刷机两类。

（4）按印刷色数和面数分

① 单色印刷机：一个印刷过程中，在纸张的一面印刷一种墨色的印刷机。

② 双色印刷机：一个印刷过程中，在纸张的一面印刷两种墨色的印刷机。

③ 多色印刷机：一个印刷过程中，在纸张的一面印刷两种以上墨色的印刷机。

④ 双面单色印刷机：一个印刷过程中，在纸张的两面都印刷一种墨色的印刷机。

⑤ 双面多色印刷机：一个印刷过程中，纸张至少有一面印刷两种以上墨色的双面印刷机。

2. 无压印刷类

① 静电印刷——静电印刷是20世纪40年代末由美国人发明的，是一种利用正、负静电的吸引力进行油墨转移的印刷方式。

② 激光印刷——激光印刷是在静电印刷的基础上发展起来的。它是利用计算机控制的调制器操纵激光束，通过八角转镜使已充电的半导体材料表面的空白部分曝光，形成带正电荷的文字或图像，然后再将

吸附的墨粉转移到普通纸上熔固，形成硬拷贝输出。也可用激光直接扫描，制成胶印版或凹版滚筒。现在激光印字机已相当普及，激光直接制版技术也日渐成熟，具有广阔的发展前景。

③ 热敏印刷——热敏印刷是一种较常用的计算机信息记录方式。它使用特制的热敏色带或热敏纸，在热敏印刷头下利用热力将数字化的文字或图像信息记录下来，热敏纸内的色料胶囊受热熔化而呈色，热敏色带或膜片则将涂色液体渗印在普通纸上。这种印刷方式（或称记录方式）的特点是方便清洁，没有噪音，但分辨率比较低，印刷速度也低于其他方式。

④ 磁性印刷——磁性印刷也是一种信息记录方式。它在计算机控制下利用电磁作用在磁带上记录数字化图文信息，再以磁性墨粉显影并转移到普通纸上，进行加热熔化使墨粉固着。磁性印刷的特点是速度快，没有噪音，但空白部分有时会出现灰雾，质量较差。

⑤ 离子沉淀印刷——离子沉淀印刷是将计算机控制的电信号通过电压调制产生自由电荷，使辊筒上的静电充电层局部放电，离子使印版上的充电部位带电，并吸附带电的墨粉形成图文，再转移到普通纸或氧化锌纸版上熔化并固着，成为清晰的复印件或制成小胶印印版。

⑥ 喷墨印刷——喷墨印刷发明于20世纪60年代，是一种快速可靠的信息记录方式，分为连续喷墨印刷和按需喷墨印刷两类。

连续喷墨印刷也叫同步喷墨印刷，每色只有一个喷嘴。用计算机控制的图文信息调制充电电极与偏转电极，使通过细小喷嘴和振荡器造成的细微墨滴带电，并在电场作用下发生不同程度的偏转，落在承印物上成为点阵字或由细点组成的图像。未受图文信息调制因而未充电的墨滴则直射在挡板上，再流入墨槽被回收利用。喷墨印刷的速度快，以16开版面计算，每分钟喷墨印刷可达32页，且具有噪音低、质量好等优点，适合输出硬拷贝。

按需喷墨印刷又名异步喷墨印刷，一般是多喷嘴的。由电子计算机控制压电元件驱动控制各个喷嘴，在需要的位置射出墨滴，形成点阵字或图像，被称为指令墨滴方式。这种方式最适合印刷各种签贴，将储存在计算机内的订户地址等信息印在发行签贴上，自动计数打包，实现报纸、期刊发行工作的自动化。

虽然喷墨印刷品的质量有待改进，生产成本较高，也很难与传统印刷方式竞争，但作为计算机的输出部分，提供单色或彩色样张，仍是很有发展前途的工艺技术。

3. 印刷物类

① 出版印刷——出版印刷就是对公开发行物的文字和图像进行编辑、设计和印刷。它以纸张为主要承印材料，其印刷品有报纸、书籍、期刊、画册等。出版印刷也可以说是常规印刷，是设计师接触最多的印刷设计业务类别。这类印刷现在多以平版印刷（胶印）为主。

② 广告印刷——随着市场竞争的日趋激烈，广告印刷品的数量和比重在整个印刷业中不断增长，并且对印刷质量的要求也越来越高。我们今天看到的精美印刷品往往就是广告宣传品，如招贴画、宣传画、产品样本、广告明信片、商品目录等。

③ 包装印刷——包装印刷种类繁多，分类方法也各不相同，人们一般习惯从包装内容和包装材料两个方面对其进行分类。

第三节　印刷演变

1. 印刷术的起源

文字——文字是记录语言的符号，是人类进入文明时代的重要标志。中国最早的文字是从“结绳记事”“刻木记事”开始的。在木板、竹片、石头上刻下不同长短、不同宽窄的条痕，留作记忆的凭证，以便日后查考（图1–28）。

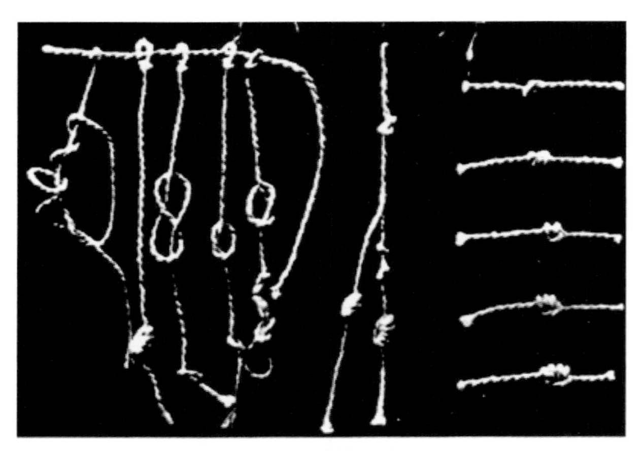

图1-28　结绳记事

图1-30　甲骨文

甲骨文				
金文				
小篆				
隶书	魚	虎	鹿	馬
楷书	魚	虎	鹿	馬
行书	魚	虎	鹿	馬
草书				

图1-31　书体演变图

画图记事就是将符号刻画在石木或穴壁上用以记事，这是文字的原始形态，如半坡陶器上刻画的符号等，这就产生了以字像物形为特征的文字——象形文字。

中国最早的成熟文字是殷商时期的甲骨文，稍后是周代至春秋、战国时代的大篆（也称金文、钟鼎文），秦代的小篆，汉代的隶书，魏晋、南北朝、唐、宋、元、明、清的楷书、行书、草书，直至今天的简化字（图1-29至图1-31）。

纸——造纸术是中国古代四大发明之一。在纸被发明之前，竹片与木板是中国早期的书写材料，即“简策”和“版牍”。后来又以丝帛为材料，但丝帛价格昂贵，不能普遍使用。公元105年（东汉元兴三年），蔡伦在总结前人造纸经验的基础上，用树皮、麻类、破布、旧鱼网等植物纤维做原料制成了“蔡侯纸”。这种纸轻便柔软，韧性良好，携带方便，制造容易，书写流畅，价格便宜，因此很快得到普及（图1-32）。

图1-29　简策图

图1-32　造纸作坊

笔——“蒙恬制笔，蔡伦造纸”是由来已久的一种说法，毛笔的发明和应用，为人们提供了简便的书写工具。

墨——墨也是一种重要的书写、绘画用品。用毛笔书写时，一定要配以适量的液体染料，因此常见“笔墨”二字连用，以表示书写的工具。笔墨纸砚的广泛使用，为印刷术的发明奠定了必要的物质基础。有了笔墨纸砚，抄书业就大为兴盛。但手抄速度慢，而且难免有错，于是逐渐出现了一些复制文字和图画的方法，即盖印、拓印。

印章——作为信凭，印章早在笔墨纸砚发明前就出现了，俗称“戳子”，现称图章。其历史可追溯到殷代的商玺印章，用料有金属、玉石、陶泥（图1–33）、象牙和兽角等。凸起的反写阳文印章，印在纸上得到的是白底黑字的正写文字。印章的产生给印刷术的发明者以“印”的启示，孕育了雕版印刷的雏形，为印刷术在技术上解决了一个关键的问题，加快了印刷术发明的进程。

拓印（图1–34）——拓印源于刻石，在我国古代形成。为避免抄写中出现错误，约在公元4世纪，我国发明了拓印技术，是一种把贝壳上面的文字图样印下来的简单方法。印章和拓印的出现，为雕版印刷术的发明提供了直接启示和技术上的条件，是印刷术的萌芽与起源。

2. 雕版印刷术发明和发展

公元7至8世纪，雕版印刷术出现了。雕版印刷术也叫整版印刷术，是由盖印和拓印两种方法发展而成的，是一种将反刻所需要的文字和图样的整版，经刷墨、铺纸、加压而获取正写文字或图样复制品的工艺方法。所用板材一般是梨木或枣木。

公元9世纪，雕版印刷术已相当普及。最能体现当时水平的是唐代的《金刚经》轴卷，这是世界上现存最早的有明确日期记载的雕版印刷品，比欧洲现存最早的雕版印刷品——《圣克利斯道夫像》早了555年。雕版印刷的出现，标志着印刷术的诞生。历史巨著《资治通鉴》就是在这个时期刻印问世的（图1–35至图1–38）。

宋体字——在楷书的基础上产生的一种适于手

图1–33　陶泥印章

图1–34　拓印

图1–35　雕刻图案的印版与拓本

图1-36　雕版作坊

图1-37　唐代雕版印刷的《金刚经》轴卷

工刊刻的手写体。它的特点是横的笔画细，竖的笔画粗，横的笔画右边都带钝角形。

装订形式——由卷轴发展到册页，使每一页的格式统一，对折准确一致，因此流传至今，成为中国独有的装订形式和文化载体样式（图1-39）。

彩色套印术——彩色套印术有两种形式：套版印刷和饾版印刷。

套版印刷是根据原稿的设色要求分别制出与其色标相同的若干块大小一样的印版，再逐色地印到同一张纸上，从而得到彩色印品。目前这种形式的印刷术在我国还存在，如天津的杨柳青年画、苏州的桃花坞

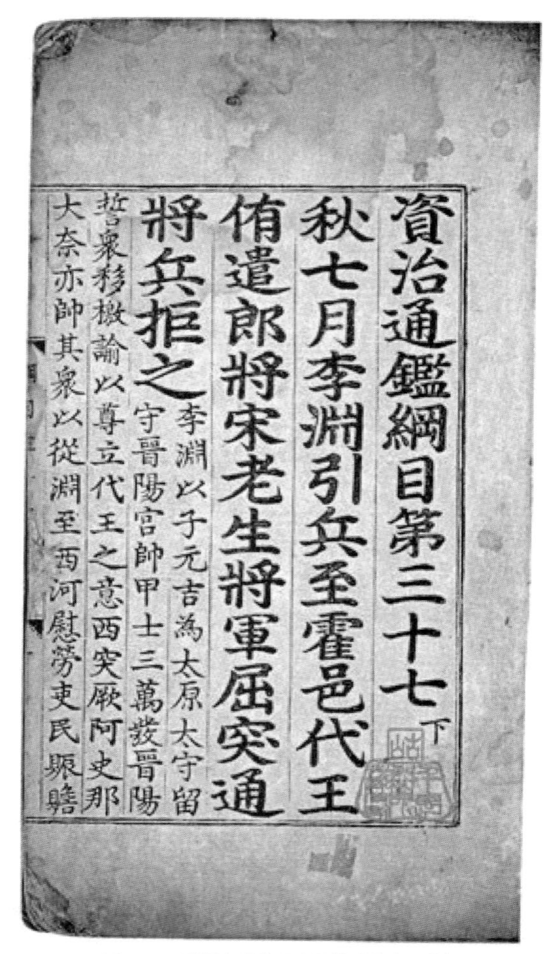

資治通鑑綱目第三十七下
秋七月李淵引兵至霍邑代王
侑遣郎將宋老生將軍屈突通
將兵拒之 李淵以子元吉為太原太守留
守晉陽宮帥甲士三萬發晉陽
誓衆移檄諭以尊立代王之意西突厥阿史那
大奈亦帥其衆以從淵至西河慰勞吏民賑贍

图1-38　雕版印刷的历史巨著《资治通鉴》

年画和潍坊的杨家埠年画等（图1-40）。

饾版印刷（木版水印）是在套版印刷基础上发展而来的。由于使用的是与原稿完全一样的水墨和

图1-39　中国书籍装订形式

图1-40　杨柳青年画

纸张，所以印刷质量相当好。北京的荣宝斋、上海的朵云轩复制的木版水印在国内外享有较高声誉（图1-41）。

图1-41　饾版印刷品

3. 活字印刷术发明和发展

毕昇（宋）——公元1041—1048年（宋仁宗庆历年间），平民毕昇发明了活字印刷术，成功地造出了世界上第一副泥活字。这是继雕版印刷之后我国对人类文明的又一伟大贡献。

活字印刷术——活字印刷术的原理和工艺是先用胶泥刻出一个个单字，再用火烤使其坚硬，制好的活字按字韵排在特制的木格子里备用。用的时候按付印的文稿拣出所需的字，依次排在铁夹板上。夹板上已均匀地撒了一层松脂、蜡、纸灰之类，将铁夹板放在火上加热，待蜡稍加融化，使字与铁板凝固在一起，这样便制好了一块平整、牢固的活字印版。印刷方法与雕版相同。印完后把版放在火上再加热，就可将活字取下放回木格中备用了。活字的制作、检字、排版、印刷、还字等工序与现代铜字排版印刷的工序几乎完全一致（图1-42、图1-43）。

王祯（元）——元朝农学家王祯创造了用木活字代替泥活字的印刷术（图1-44）。王祯不仅发明了木活字，还发明了轮转排字盘（图1-45），将木制的单字分别放在韵轮和杂字轮两个轮转排字盘上。减轻了劳动强度，提高了生产效率。王祯还写成了《造活字印书法》一书，这是世界上最早讲述活字印刷术的专门著作。

图1-42　泥活字

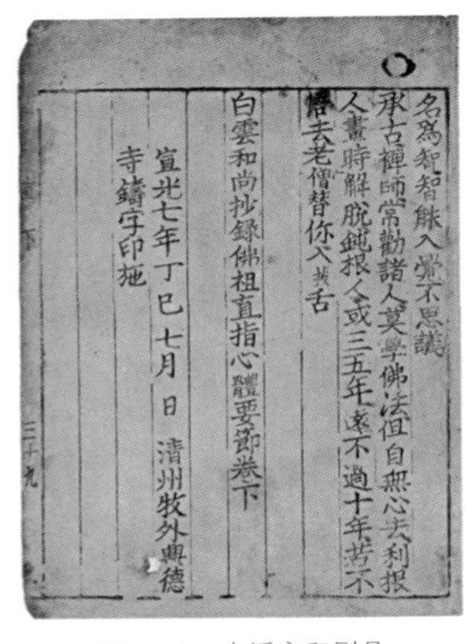
名為智智無入覺不思議
承古禪師常勸諸人莫學佛法但自無心去利報
人晝時解脫鈍根人或三五年遠不過十年若不
悟去老僧替你入拔舌
白雲和尚抄錄佛祖直指心體要節卷下
宣光七年丁巳七月　日　清州牧外興德
寺鑄字印施
二十九

图1-43　木活字印刷品

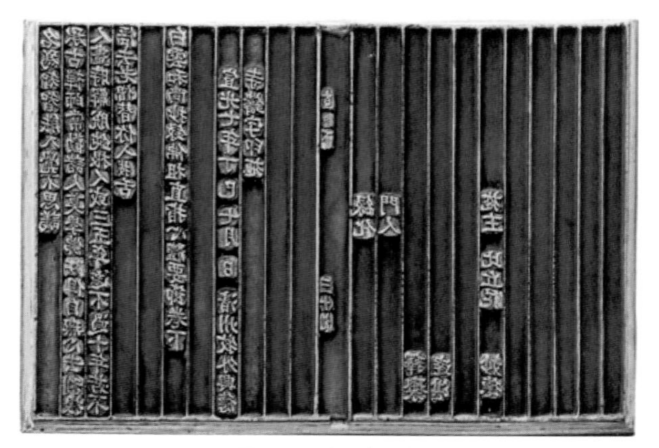
图1-44　木活字印版

图1-45　王祯发明的转轮排字架

第四节　印刷术的传播与发展

1. 印刷术在亚洲的传播

朝鲜半岛——公元7世纪，印刷术开始由中国向国外传播。朝鲜派了大量的留学生来中国学习，并带回许多书籍和雕版。11世纪初，朝鲜最早的印刷品《高丽大藏经》以及之后的《月印千江之曲》（图1-46）就是用雕版的方法刊印的。

日本——日本最早的印刷物是公元770年印制的《无垢净光经根本陀罗尼》，它是中国东渡高僧鉴真和尚与同去日本的中国匠人刻印的。日本的印刷术发展很快，尤其是其独一无二的样式——版画“浮士绘”，形成了日本特有的文化样式（图1-47、图1-48）。

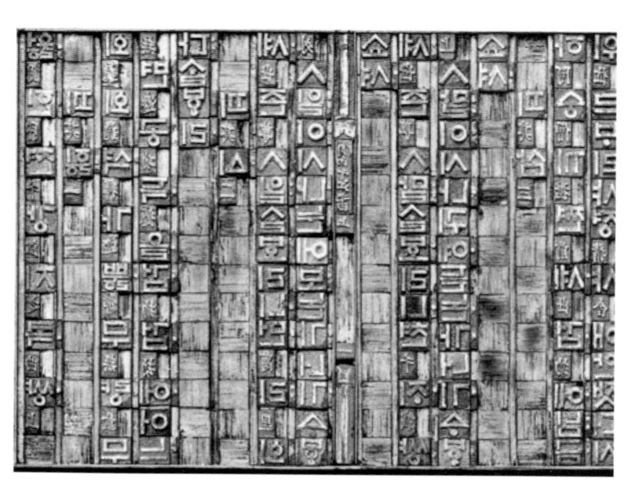
图1-46　活字组版图（朝鲜）《月印千江之曲》版

图1-47　日本书籍印刷版本《里见八犬》

图1-48　日本浮世绘版画

2. 印刷术在欧美的传播

德国（古登堡）——13世纪时，中国印刷术通过“丝绸之路”传入欧洲，使得印刷术在欧洲很快地传播和发展。

德国的古登堡是各国学者公认的现代印刷术的创始人。他发明铅合金活字印刷术的年代是公元1440年，比我国毕昇的泥活字印刷术约晚了400年，比王祯的木活字印刷术也晚了50年。但他发明的铅合金印刷，特别是将承印方式由“刷印”变为“压印”，为现代印刷奠定了基础（图1–49、图1–50）。

随着工业革命时代的到来，柯尼希（德国）制成了由蒸汽驱动的滚筒式平台铅印机，圆压平结构，除续纸和收纸外，全部凭机械自动完成。

1838年，美国人制成了由重铬酸盐和胶组成的感光液，从而实现了用照相的方法制作铜锌印刷版。

19世纪四五十年代，法国和美国先后制造了轮转印刷机，大大提高了印刷速度。欧洲的印刷业飞速发展，使人类文化的传播有了速度上的跃进，出现了许多精美的印刷品，尤其它的装订形式和以插图为主的版式，形成了西方独有的样式（图1–51、图1–52）。

自19世纪以后，世界上陆续出现了铸字机、铸排机、照相机、胶印机、凹印机以及各种装订机械，印刷业进入了机械化生产的新时代。

图1–49　古登堡像

图1–50　木制印刷机

图1–51　西方书籍的版式形式1

图1–52　西方书籍的版式形式2

至此，制版、印刷、装订三大工序，凸版、平版、凹版、孔版四大印刷门类并列的格局基本形成并延续至今。

3. 印刷业现状

在我国，书刊、报纸印刷已基本淘汰了铅字印刷工艺，被激光照排、平版胶印所代替。广告、装潢包装印刷蓬勃发展。印刷用的主要材料，如纸张、油墨等基本自给，出版业空前繁荣。由中国科学院院士王选（图1-53）自行设计的北大方正排版系统和华光照排激光机，使我国照排系统达到国际领先水平，王选被誉为中国当代的毕昇。

当今世界，印刷业已进入了电子和光的世界。印前、印刷和印后都普遍采用电子计算机、激光及信息处理等现代化技术，从而使印刷工艺和设备的机械化、自动化、智能化程度有了很大提高。现在的彩色电子印前处理系统（CTP系统）不仅可以完成图像信息的印前处理和文字排版，而且可以直接输出符合制版要求的印刷版（图1-54）。

图1-53　王选像

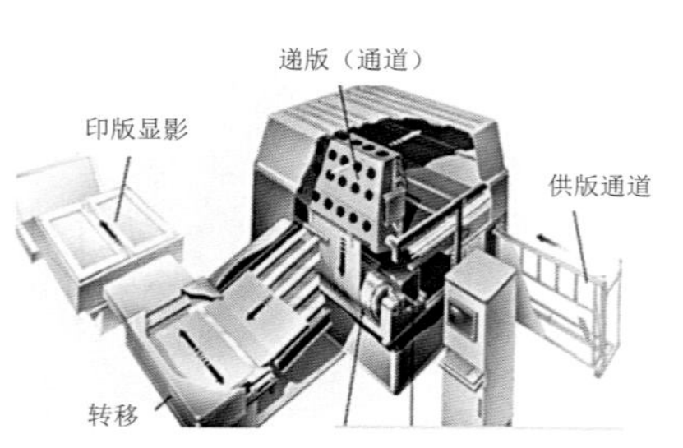

图1-54　CTP设备（直接出PS版示意图）

印刷发展的主要趋势是彩色印刷品的比重迅速增加，胶印印刷仍占主导，柔性版印刷逐步发展，印后加工自动化程度提高。电子技术的广泛运用大大改变了现有的印刷工艺，缩短了印刷周期，提高了印刷质量。

20世纪90年代发展起来的印刷新技术——数字化印刷，定位于个性化彩色短版印刷市场，但从长远来看，数字化印刷应该是未来印刷的发展方向。

思考题

1. 印刷有几大构成要素，其主要功能是什么?

2. 压力印刷类有哪些，其中平版印刷的原理是什么，主要适合印刷哪类印刷物?

3. 数字印刷原理是什么，其主要优势有哪些?

4. 印刷历史发展的基本轨迹分哪几个阶段，有何意义?

5. 中外历史上在印刷术发展中起重要作用的人物有哪几位，主要贡献是什么?

6. 未来印刷技术发展的趋势是什么?

第二章 印前设计必备知识

传统印刷一般将印刷工艺过程分为制版、印刷、装订三大工序。从制作印刷版开始，称为印前处理，我国统称为制版，主要包括电子排版、电子分色、整页组版和彩色打样四大部分。由计算机控制的照相排字和电子分色技术已经进入了“冷排”时代。虽然传统的照相分色和人工拼版手段还在继续使用，但功能齐全、使用方便、质量优异、效率极高的电子图像处理技术与整页拼版技术已日趋成熟。将印前处理与计算机技术和其他科技新成果紧密结合，更快、更好、更方便地处理文字和图像信息。

第一节 印刷系统常用软件

电脑平面设计所使用的软件可分为三大类：图像设计软件、图形设计软件和排版设计软件。

1. 图像设计软件——Adobe Photoshop

图像设计软件在平面设计中的主要作用是处理位图。我们将这种图称为图像，它是使用色彩网格即像素来表现图像的。每个像素都具有特定的位置和色彩值，在处理位图图像时，所编辑的是像素而不是对象或形状。在设计中，图像设计软件主要用以处理照片，同时还可以利用位图绘制有丰富的层次及细腻柔和的明暗、色彩变化的作品，如绘画、图案、文字等。

目前使用最广泛的图像平面设计软件是美国Adobe公司出品的Photoshop 。它不仅具有强大的图像处理功能、绘画功能和网页动画制作功能，而且集绘画、调整、修饰和特殊效果等多种工具于一体，因而成为图像处理领域的首选软件。

2. 图形设计软件——Adobe Illustrator、CorelDRAW

Illustrator是美国Adobe公司最早为苹果电脑（Mac）推出的矢量图形设计软件。该软件具有文字输入、编排以及图形、图表的设计制作等强大功能，为广告设计、标志设计、产品包装、Web图形设计、字形处理、专业绘画、工程绘图等提供了无限的创意空间，是广大平面设计师使用最多的图形设计软件之一。

CorelDRAW 是加拿大Corel公司最早针对PC机所开发的基于Windows系统的著名图形专业设计软件。虽然它也具有图像和排版设计功能，但一直以处理矢量图形而闻名全球。该软件集设计、绘画、制作、编辑、合成和高品质输出于一体，适用于封面设计、插图、卡通画、海报、广告宣传画、排版设计、包装设计、网页设计及CI、VI设计等。CorelDRAW以其功能强大且简便、实用的特点，成为目前最流行的面向对象的图形软件包。

3. 排版设计软件——Adobe InDesign

InDesign是美国Adobe公司开发的世界上第一套专业桌面出版印刷系统的排版软件，也是目前全世界范围内应用最为广泛的平面设计排版软件。它将图文处理与排版功能集于一体，能够将文字、表格、图形和图像混合在一个直观的环境中进行编排。由于它功能强大，使用方便，因而被迅速推广到全世界的平面设计排版和印刷领域，受到业内人士的普遍好评。我国绝大多数广告设计公司和专业的印刷输出中心都采用InDesign进行排版设计和输出，如编排制作广告宣传册和各种类型的书籍、画报、杂志等。随着版本的不断升级，新的功能也在不断增加，使它由过去的印前桌面出版领域扩展到了电子出版领域。比如，使用InDesign的导出和链接功能，可以将带有超链接热点的出版物生成为PDF格式文档，或导出成为HTML文件，从而实现电子出版。

第二节　印刷系统常用硬件

一套完整的电脑创意设计硬件系统，主要包括输入、处理、输出和移动存储四大部分。

1. 电脑

平面设计用的电脑分为两大类：苹果电脑（Macintosh）和传统的PC电脑（Personal computer，个人电脑，也称PC机）。

苹果电脑（图2-1）——电脑平面设计和彩色桌面出版系统首先是由美国苹果电脑公司开发出来的。今天我们所使用的大部分平面设计软件最早也是专门针对苹果电脑开发的。苹果电脑以其性能稳定、操作简便、显示器色彩还原性好、平面设计软件齐备、输出方便等优点，深受设计师喜爱，是许多专业广告公司和输出中心的主选设备。但由于苹果电脑的价格比PC机要贵很多，所以在我国，苹果电脑的使用不如PC机那样普及。

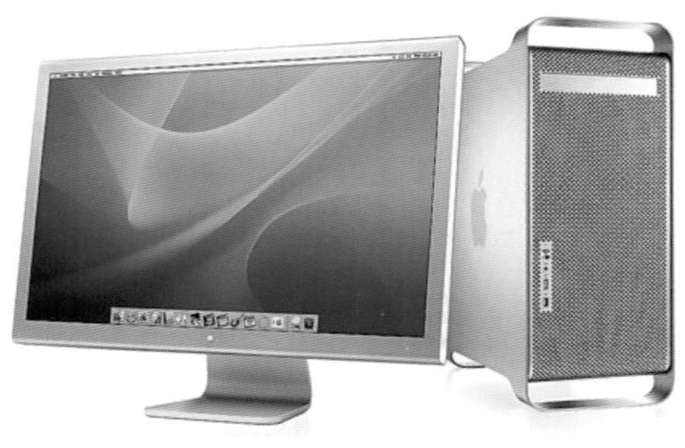

图2-1　苹果电脑

PC电脑（图2-2）——近几年来，PC机的硬件

图2-2　PC电脑

性能和系统软件不断升级换代，过去专用于苹果电脑的平面设计软件现在也基本上能够在PC机上安装使用，苹果电脑和PC机上的许多文件也能互相转换共享，输出中心也为PC机用户的出片提供了很大的方便，加上PC机具有价格便宜、设备维护和保养方便等优势，因此也受到许多设计师的青睐，特别是小型的广告公司和个人设计工作室，一般都以PC机为主进行平面设计。

2. 图像输入设备

（1）扫描仪

在数字印前系统中，获取数字图像最常用的方法是通过扫描仪进行扫描。要在印刷品上准确再现彩色原稿的色彩和层次，扫描是至关重要的第一步。

扫描仪是一种能将二维或三维模拟图像（比如照片和其他图片）的信息转变成数字信息的装置，是平面设计中不可缺少的工具。图像信息的输入方式有两种，一种是电子扫描方式，一种是机械扫描方式。由于电子扫描方式的采样图像精度不高，不能满足印刷的要求，所以主要应用于摄像等方面，而印刷设计中主要采用机械扫描方式。机械扫描方式分为滚筒式扫描和平面式扫描两种。

滚筒式扫描多采用光电倍增管作为光电转换器件，其特点是采样精度高，阶调范围宽，能表现出图像丰富而细微的暗调层次（图2–3）。平面扫描在采样精度、分辨率、阶调范围、暗调细微层次的表现等方面不如滚筒扫描，但它价格便宜，体积小，仍然是许多广告公司和设计师的首选（图2–4）。

图2–3　滚筒扫描仪

图2–4　平版扫描仪

（2）数码相机

随着数码照相机的普及和其性能的不断提高与完善，数码摄影作品越来越多地被应用到平面设计与印刷品中。与传统的胶片摄影相比，数码相机不仅节省了照片洗印的时间和费用，也省去了图片电子分色的时间和费用。

用于印刷的数码照相机由于对其图像的分辨率等技术指标要求极高，因此一般使用价格昂贵的1000万像素以上的数码单反照相机（图2–5）。

图2–5　数码单反照相机

3. 输出设备

在平面设计中，输出设备主要是根据需要用于设计预打样的彩色打印机。预打样就是在正式输出之前用打印机对电脑设计稿进行打样，其目的是便于检查及给客户看样。预打样设备是平面设计工作中不可缺少的设备之一。但由于打印机打样不加网，也不是使用印刷纸张和油墨，其质量效果与实际印刷品之间有一定的差距，因此在印刷行业中，人们将彩色打印机的打样称为预打样。

在电脑市场上，彩色打印机的种类和品牌很多，目前主要有彩色喷墨打印机、热蜡式打印机、热转印式打印机、热升华式彩色打印机和彩色激光打印机等。一般的广告公司和设计室大都选用彩色喷墨打印机进行设计打样，因为它价格便宜，性能和打印效果都能满足设计打样的要求（图2–6）。

图2-6 彩色打印机

4. 移动存储器

移动存储器的作用是在设计中进行设计文件的存储、移动和交换。常用的移动存储设备有CD光盘、DVD光盘、移动硬盘、U盘等。

可刻录光盘（图2-7）——可刻录光盘是现在深受设计师喜爱的产品。配备一个可刻录光盘驱动器很便宜，每张CD盘片可刻录700M文件、DVD盘片可刻录4GB左右的文件，并且性能稳定，操作和携带也很方便。

移动硬盘（图2-8）——移动硬盘是现在很流行的一种移动存储工具，其存储量一般以GB为单位。它体积小，存储容量大，携带方便，性能也很稳定。移动硬盘都是USB插口，在苹果机和PC机的系统上都可实现热插，使用非常方便。

U盘（图2-9）——U盘的体积极小，存储容量以G为单位，采用USB接口，携带和使用都极为方便，性能也很稳定，特别适合于传输比较小的设计文件。

图2-7 光盘

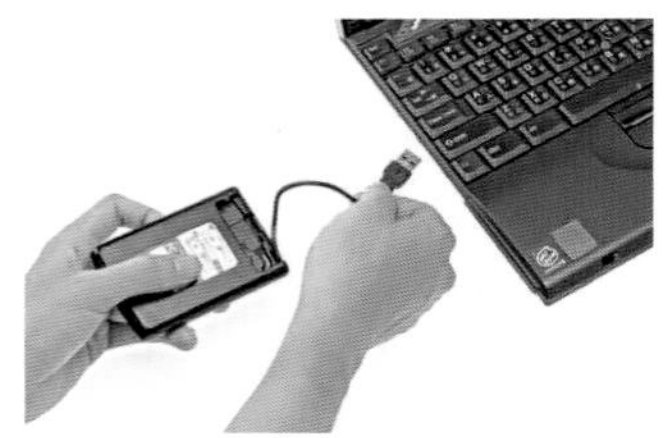

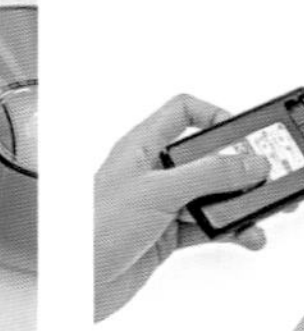

图2-8 移动硬盘

图2-9 U盘

第三节 印刷系统常用须知

1. 印刷色彩管理

（1）色彩模式

RGB色彩模式——是以色光的三原色（R—红色，G—绿色，B—蓝色）为基础而建立的色彩模式，电脑屏幕显示的色彩模式就是由RGB这三种颜色组合而成的。每个颜色有256个亮度级，图像各部位的色彩均由RGB三个色彩的数值决定。当RGB色彩数值均为0时，该部位为黑色；当RGB色彩数值均为255时，该部位为白色。在RGB模式中，每一色光在电脑中都以8位表示，各有256种阶调，三色光交互增减，就能显示24位的约1678万色（256×256×256=16777216），这个数值就是通称的RGB真彩色。

在印前系统中，RGB色彩模式主要用于计算机屏幕显示和扫描仪扫描图像色彩信息等。在扫描仪扫描图像时，扫描仪首先提取的就是原稿图像上的RGB色光信息。虽然许多高档扫描仪能够直接扫描出CMYK图像，但任何扫描仪都是使用白光扫描图像表面，然后收集其反射或透射的RGB色光信息，再通过分色处理转换成CMYK四色图像。

Lab色彩模式——是依据国际照明委员会（CIE）1931年为颜色测量所设定的颜色标准而得到的，是一种与设备无关的颜色模式。一个Lab颜色数据值在任何时候、任何设备上都是唯一的，它解决了不同外设、不同屏幕显示颜色不一致的难题。它几乎能表示所有RGB和CMYK的颜色。L表示色彩的明度，a表示由绿到红的颜色范围，b表示由蓝至黄的颜色范围。

灰度模式——是一种黑色的单色模式。在印刷设计完稿时，当原稿是黑白色稿时，无需用CMYK和RGB色彩表示，将色彩扔掉，直接转为灰度模式即可。

（2）色料三原色

由于各种不同的颜色都可以由黄、品红、青以不同的比例混合而获得，因此称黄色、品红色、青色为色料的三原色。

品红+青=蓝　黄+青=绿　品红+黄=红

黄+品红+青=黑　品红+绿=黑　蓝+黄=黑　青+红=黑

我们称品红与绿、青与红、黄与蓝互为补色，用色料的三原色可组合成各种色彩（图2-10）。

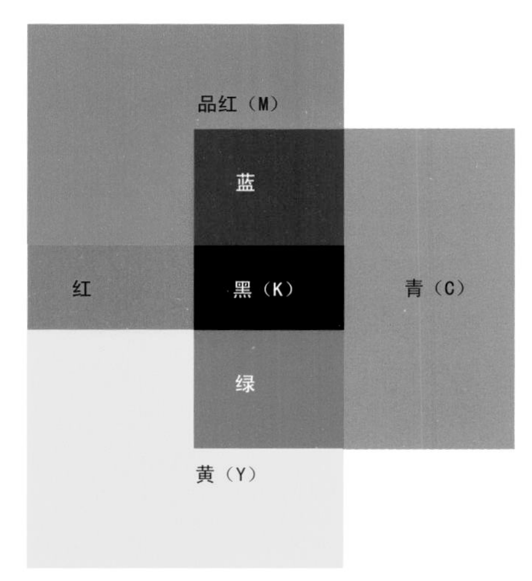

图2-10　三原色

（3）四色印刷（CMYK模式）

CMYK色彩模式是印刷专用色彩模式，主要应用于四色印刷中印刷油墨的叠印成色和彩色打印机打印图像。彩色印刷品千变万化的色彩均由CMYK（C—青，M—品红，Y—黄，K—黑）四色油墨产生，即我们通常所说的四色印刷。由于它们的色彩还原一般是通过网点的大小来模拟和再现连续效果，所以在使用中用网点的百分比来表示颜色的深浅。CMYK各分量的变化范围均为0%～100%。当C、M、Y都为0时为白色，当C、M、Y都为100%时为黑色。从理论上讲，用C、M、Y三种基本色就可以合成黑色，但由于印刷油墨混合黑度不足，所以黑色便独立出来自成一色，以保证印刷质量。

在印刷设计中，只有CMYK模式生成的图片才能用于印刷的电子分色系统。如果是以RGB或其他模式生成的图片，那么分色之后得到的既不是屏幕上显示的颜色，也不是印刷色。在印刷出片和晒版过程中，一般在每张不同色版的印刷胶片上方都会相应地用C、M、Y、K来标记，以免在印刷时将色版弄错。

印刷工艺的色彩复制还原原理是利用颜色的分解与合成，使彩色原图在印刷品上得到准确、真实的色彩再现。

色彩分解是指利用电子分色系统和设备，将自然组合的色彩分别制成彩色三原色版。颜色合成是指将分解后的分色软片、阴片拷制成阳片，晒制成印版，印刷时通过相应的三原色和黑色油墨的叠加组合，再现原图的真实色彩（图2-11）。

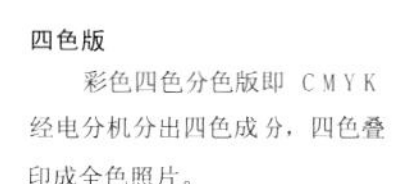

四色版
彩色四色分色版即CMYK经电分机分出四色成分，四色叠印成全色照片。

蓝版C

红版M

黄版Y　黑版K　四色版CMYK

图2-11　四色印刷分色示意图

认识色谱非常重要，也是学习用色和配色，尤其是做完稿设计时必须经过的程序。设计颜色一定要对照四色色谱，否则皆为专色，增加了成本，故色谱是设计人员必备的工具书。C、M、Y、K的层次变化从0%～100%，它们之间的互相叠加、混合会产生不同的色相，形成丰富的色彩层次（图2–12、图2–13）。

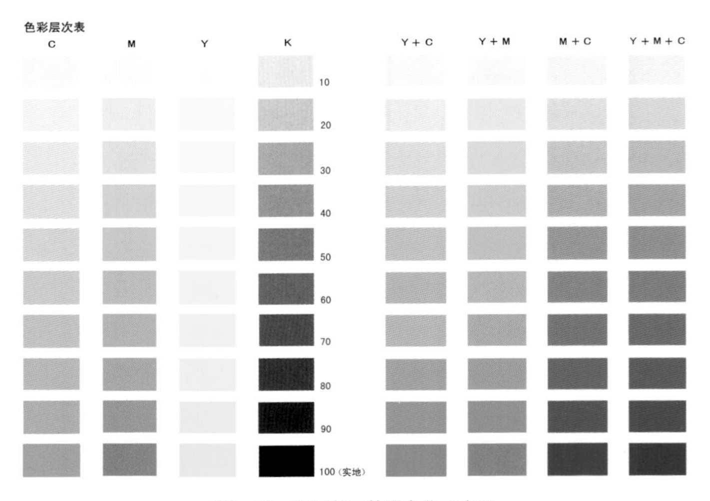

图2–12　印刷色的数值变化示意图

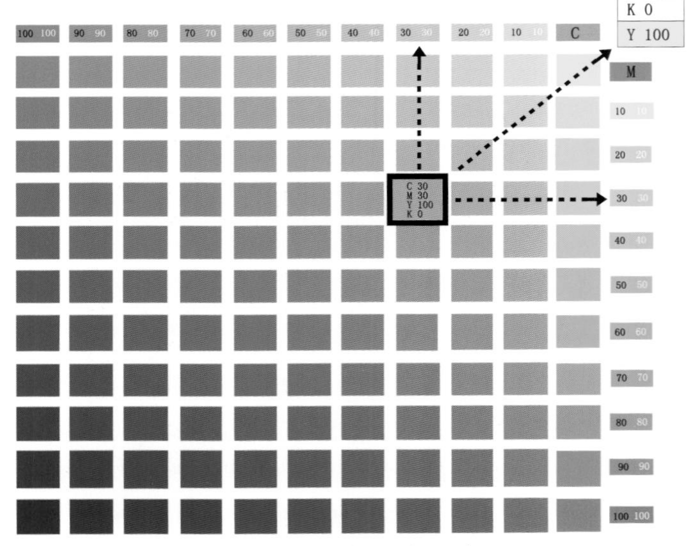

图2–13　印刷色谱的查询方法

（4）印刷色彩类

按印刷品的色彩划分，可以分为单色印刷、套色印刷和彩色印刷三个大类。这也是人们通常最习惯和熟悉的划分方式。

单色印刷——是指整个印刷物只用单一的颜色来表现其所有的文字或图形。在单色印刷中使用最多、最常见的就是黑色印刷。另外，设计师也可根据设计需要调制其他的颜色，如蓝色、红色、绿色等，我们也将这种特意调制出来的颜色称为专色。单色印刷只需要一张单色印版，使用单色印刷机印刷，印刷过程中也不存在套印、对版等工序。

单色印刷品的文字或图形清晰明快，不存在套版不准等问题。它印制成本低，工艺较简单，一般以文字为主的印刷品都使用单色印刷，如文字类书籍、普通期刊等。单色印刷可以利用挂网（印刷网点）印出不同深浅的明暗层次和影调，如单色照片、图案等。

套色印刷——就是用两种以上色版的相互套印印出所需的色彩。其颜色可以直接用现有的印刷成品，也可根据设计需要调制所需的专色。每一种颜色需要一块印版，印刷时进行相互套印。每种不同的颜色也可利用网点印刷出不同的明暗层次和影调。套色印刷中使用最多的是双色套印，经常应用在产品说明书、邮递（DM）广告的商业信函和广告宣传单等方面。它既有色彩的变化，成本又比四色印刷低。但套色印刷在印刷过程中要求套印准确，因此印刷难度比单色印刷大（图2–14、图2–15）。

图2–14　双色输出印刷效果

图2-15 双色、三色版印刷效果示例

专色与双色处理——在印刷工艺中，除了专门的单色和双色印刷外，有时根据设计的需要，在四色印刷中也会对某些图片进行专色和双色处理。图片的专色或双色处理可以在Photoshop软件中完成。进行专色和双色处理的程序如下。

① 将图片的“模式”改为“灰度模式”，打开“图像”菜单，在“模式”菜单中选取“灰度”命令，出现“信息”对话框，选择“扔掉”即可转换为灰度。

② 在“图像”菜单的“模式”菜单中选取“双色调”命令，出现“双色调选项”对话框（图2-16）。

在“类型”栏中选择“单色调”“双色调”“三色调”或“四色调”。一般设计中的专色处理以选用单色调和双色调为多。

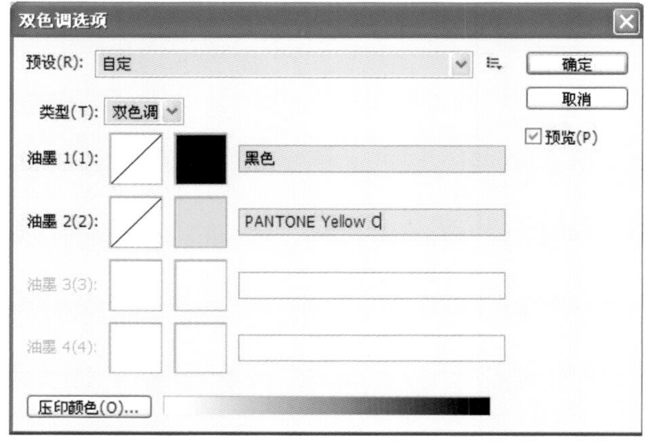

图2-16 双色调选项

在“油墨”栏中设定颜色。在色块框上双击鼠标，出现“选择油墨颜色”对话框，在对话框中设定颜色，点击“确定”按钮。如果是双色调，将出现两个油墨色框，并以此类推进行颜色设定。

2. 印刷网点

网点——印刷品中的图文信息及色彩明暗是在印刷中通过大小不同的网点相互叠加产生各种不同色相和不同明度的变化而组成的。这种由网点形成的图文在印刷上称为“网屏”。它是印刷工艺中最基本的元素。印刷颜色深浅的标定一般以10%、20%……100%来表示，意思是指在单位面积内网点的总面积占该面积的百分比。百分比越大，网点所占的面积越大，印出的颜色越深。100%就是全部印上颜色，印刷上也称为“满版”（图2-17至图2-19）。

网点在套印时，因其角度和大小不同，印刷合成时会产生两种情况，一种为网点叠合，一种为网点并列。它们在色彩合成后的效果各不相同。利用网点的不同组合和油墨的浓度、透明度变化，可以组合出千变万化的印刷色彩，达到真实复制和还原自然色彩的目的。

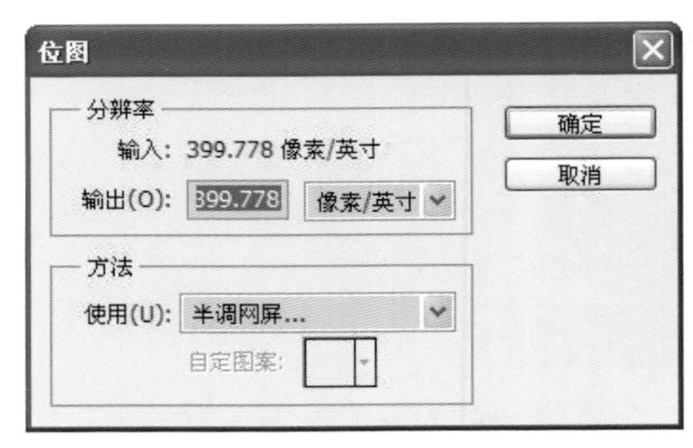

图2-17　图像应用半调网屏的分辨率选项

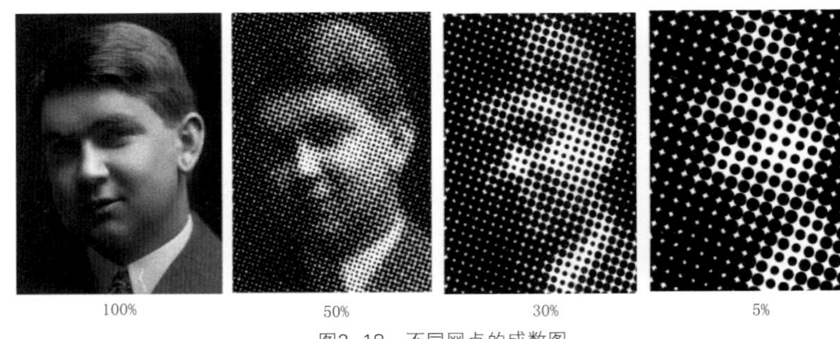

图2-18　不同网点的成数图

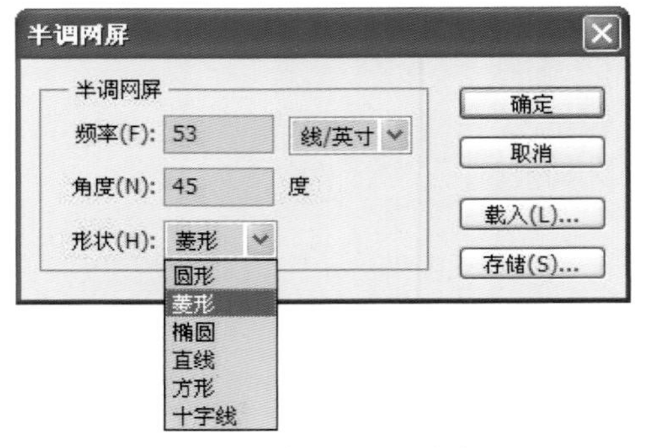

图2-19　“半调网屏”网点选项

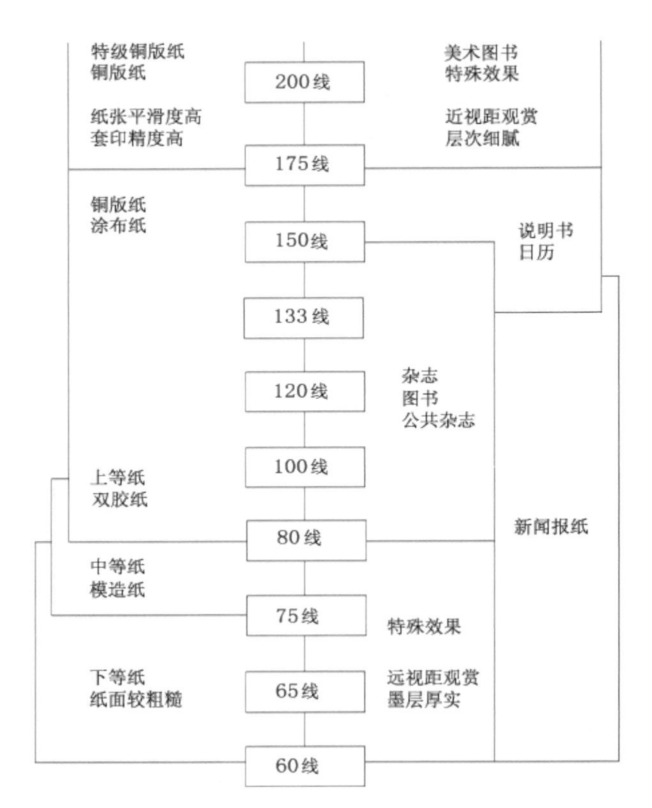

图2-20　网点线数与承印物对照

网点线数——印刷网点有粗细之分。以每英寸纵横交错的网线数目为标准，有60线、80线、120线、150线、175线、300线等。线数越多，网点就越细，成点的面积越小，印刷效果就越精致，当然，对纸张质量的要求也越高。通常，用光滑的纸张印制精细的印刷品，均采用细密的网线；反之，用粗糙的纸张印刷低档次的印刷品，则采用较粗阔的网线（图2-20）。一般60～100线属于粗糙网线，100～300线为精密网线。高档画册大都用铜版纸以150线、175线或200线印刷。用新闻纸、胶版纸印刷的印刷品一般用60线、120线，如果采用太细的网线，很容易将版糊死而影响印刷效果。

网点的成数——网点是再现印刷品层次和色调的基本单位。网点大小准确才能忠实地再现原稿色彩，保证取得较好的印刷效果。印品的浓淡程度是通过网点大小来表现的，不同的网点面积工艺上成为“成”。所谓网点成数就是在单位面积里网点部分所占的百分率，一成网点为10%，二成为20%，以此类推，100%为实地版面。只有准确认识网点成数，才能较好利用网点变化的规律，制出符合原稿的印版，印出色彩准确、质量满意的彩印产品，这也正是质量管理的目标（图2-21）。

网点角度——一般印刷网点的排列是整齐的，因此在应用上会有角度之分。如单色印刷时，其网线角度采用45°，基于这个角度所印的网点，由于在视觉上最为舒适，极不易察觉其存在，因而形成连续灰网的效果。双色或双色以上的印刷，需要留意两个网的角度组合，否则会产生花纹，即所谓的“撞网”。

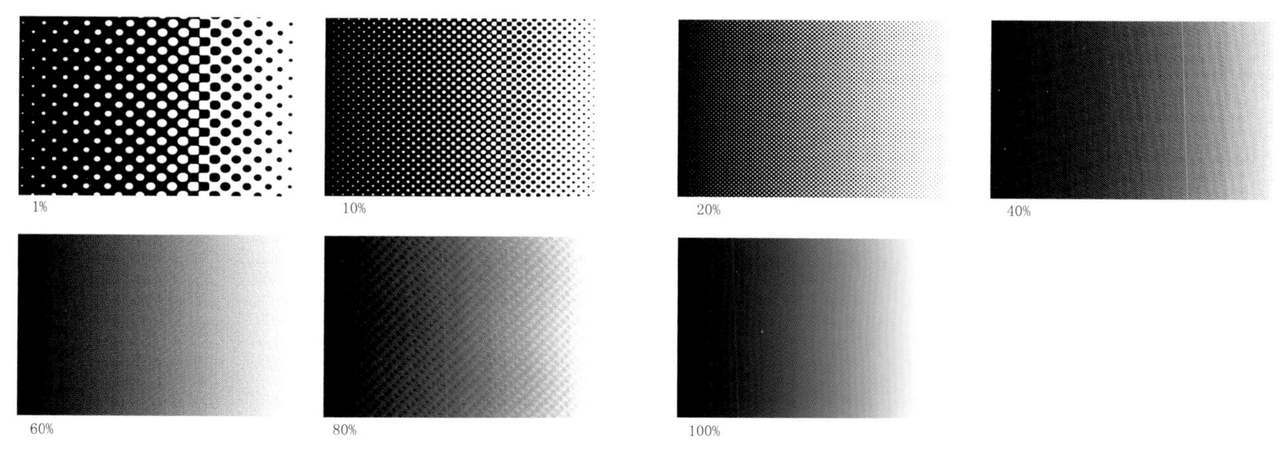

图2-21 不同网点成数对照示意图

通常将两个网的角度错开30° 就不会出现“撞网”。所以，一般双色印刷时，主色或深色用45°，淡色用75°；三色印刷则分别采用黑（主色）45°、深灰75°、浅灰105° 三个角度；四色印刷则分别用红75°、黄90°、蓝105°、黑45°。这些角度并无一定限制，可依不同需要调整（图2-22）。

网点形状——印刷网点的形状有方形、菱形、圆形、十字形、线形、链形、波浪形等，设计师可根据不同的设计要求选用不同的网点（图2-23）。

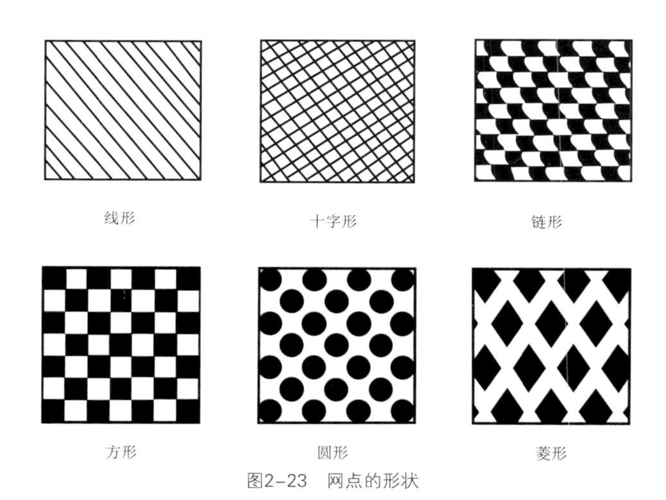

图2-23 网点的形状

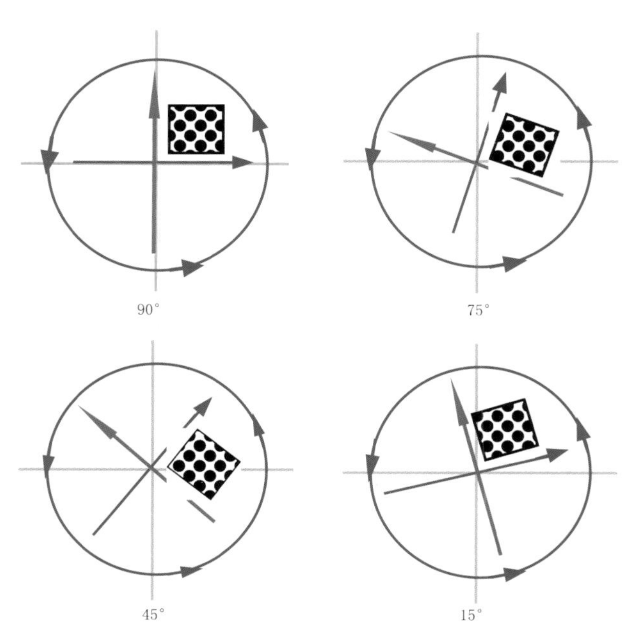

图2-22 网点的角度

3. 印刷图形图像处理

（1）位图

位图，也称点阵图、栅格图像、像素图，即最小单位由像素构成的图，缩放会失真。位图就是由像素阵列来实现其显示效果的，每个像素都有自己的颜色信息。在对位图图像进行编辑操作的时候，可操作的对象是每个像素，我们可以通过改变图像的色相、饱和度、明度，从而改变图像的显示效果。简单地说，位图就像用小方块来拼图，当我们从远处看时可以看出画面的整体效果，如果走近细看就会发现每个小方块的颜色属性都有所不同。

点阵图的精致与否，取决于它有多少像素，而不是尺寸，点阵图包含的像素越多，图像越清晰，文件就越大，所占据的储存空间也越大（图2-24）。

图片储存的文件格式不同，直接影响文件的大小。一张图片在其他条件相同的情况下，采用TIFF格式储存的点阵图，比采用EPS格式储存的文件要小，但比采用JPEG格式储存的文件要大。

（2）矢量图

矢量图的构成方式与点阵图不同，它不是像素的矩阵排列，而是计算机按矢量的数字模式描述的图形。矢量图本身没有构成图形的“像素”，只是在计算机的显示器或打印机上输出时，矢量图才被硬件赋予图像的方式呈现出来。因此，矢量图无论在显示器或打印机上放大多少倍，它的边缘看上去都是光滑的，不会出现锯齿状，这也是矢量图最明显的优点之一（图2-25）。

不含有点阵图的纯矢量图形占据的储存空间很小，把它转换成相同分辨率的点阵图后，文件可能会增大几十倍甚至几百倍。

（3）图像大小

位图（光栅）图像是由像素点构成的，那么像素尺寸就是位图图像的高度和宽度的像素数量。只有当像素被赋予了一个真实的尺寸后，它才开始发挥自己的作用。文件的大小即一个位图图像的大小，通常是以千字节（KB）、兆字节（MB）或千兆（GB）为单位来计算。文件的大小与图像的像素尺寸成正比。在相同的打印尺寸之下，像素多的图像能产生更多的细节，但它们所需的磁盘存储空间也更多，因此编辑制作和打印的速度相对比较慢。

（4）文件格式

目前已有许多用于图像存储的文件格式，对于数字印刷的应用，有TIFF、EPS、JPEG三种常用的数据格式。

PSD文件格式——PSD是Photoshop默认的文件格式，该图像格式支持所有的图像模式，例如位图、灰度、RGB、CMYK、专色通道、多图层以及剪裁路径等。它是Photoshop的常用工作格式，图像文件的编辑制作一般均使用该格式进行存储。

但在平面设计中，PSD格式的位图文件一般不直接置入到诸如Adobe InDesign等的排版软件中去进行图文混排处理，而先要将它们保存为TIFF文件格式。TIFF格式将丢掉原PSD格式中的所有图层、通道和蒙版等信息。另外，由于PSD格式保存了位图的通道、蒙版和层等信息，为设计过程中对位图文件进行修改和调整提供了极大的方便。但是，与其他文件格式相比，PSD所占用的磁盘存储空间是最大的。

TIFF文件格式——TIFF是标记图像文件格式的缩写。此种文件格式是为存储黑白图像、灰度图像和彩色图像而定义的存储格式，现在已经成为出版多媒体中的一个重要文件格式。TIFF格式到目前为止仍是使用最广泛的行业标准位图文件格式，TIFF位图可具有任何大小的尺寸和分辨率。TIFF格式能对灰度、CMYK模式、索引颜色模式或RGB模式进行编码。它能被保存为压缩和非压缩的格式。无论是置入、打印、修整还是编辑位图，几乎所有工作中涉及位图的应用程序都能处理TIFF文件格式。

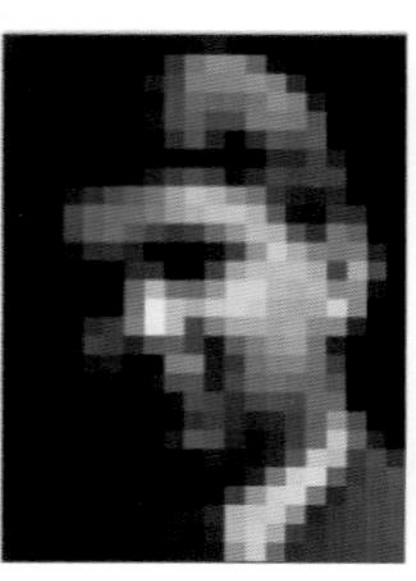
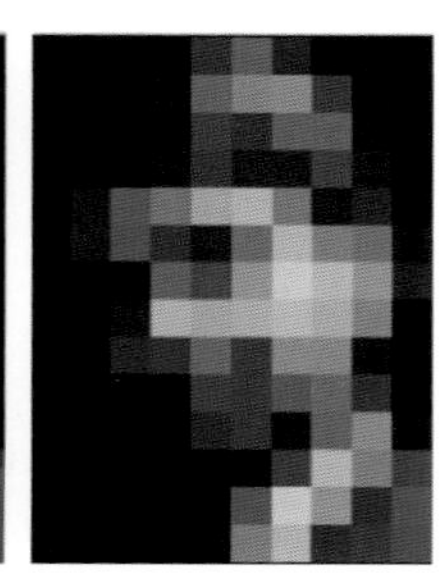

图2-24 位图像素大小不同的对比

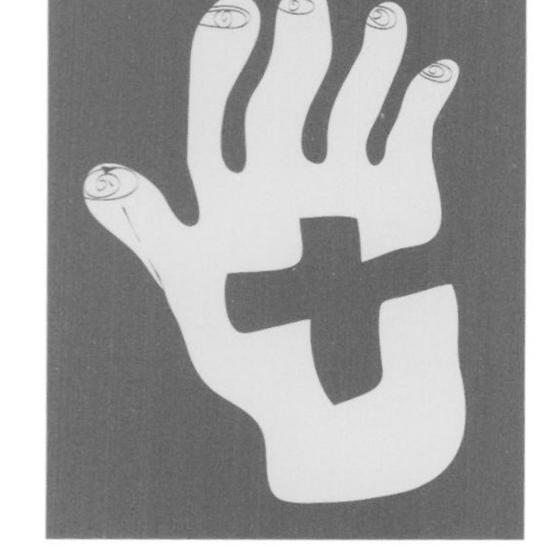

图2-25 矢量图文件的效果

JPEG文件格式——JPEG文件格式现在已经成为印刷品和万维网发布压缩文件的主要格式。

JPEG使用了有损压缩格式，这就使它成为迅速显示图像并保存较好分辨率的理想格式。也正是由于JPEG格式可以对扫描或自然图像进行大幅度压缩，利于储存或通过调制解调器进行传送，所以在互联网上得到了广泛的应用。

JPEG格式的主要缺点也正是它的最大优点，即有损压缩算法将JPEG局限于显示格式，而且每次保存JPEG格式的图像时都会丢失一些数据。因此，通常只在创作的最后阶段以JPEG格式保存一次图像。

EPS文件格式——EPS文件格式可用于像素图像、文本以及矢量图形的编码。如果EPS只用于像素图像，挂网信息以及色调复制转移曲线可以保留在文件中，而TIFF格式则不允许在图像文件中包括这类信息。

由于EPS文件在打印机上可以以多种方式打印它。创建或是编辑EPS文件的软件可以定义分辨率、字体和其他的格式化及打印信息。这些信息被嵌入到EPS文件中，然后由打印机读入并处理。所以EPS格式是专业出版与打印行业使用的文件格式。

PDF文件格式——PDF是便携文档格式的简称，同时也是该格式的扩展名。它是由 Adobe公司所开发的独特的跨平台文件格式。它可把文档的文本、格式、字体、颜色、分辨率、链接及图形图像、声音、动态影像等所有的信息封装在一个特殊的整合文件中。

（5）分辨率

分辨率是指图像文件所包含的细节和信息的数量，用以表示图像扫描设备、显示设备和输出设备的精度及其能够产生的细节水平。它有多种计量单位，是衡量图像或印刷品质量的重要指标。分辨率的大小将决定最终输出的质量和文件的大小。分辨率越高，其中的点数越多，其信息量就越大，所占用的磁盘空间也越大。

电脑平面设计中不同对象的分辨率设置参数如下。

① 一般用于喷墨打印输出的文件，如大型户外喷绘广告、灯箱片、印刷小样等，其分辨率为100DPI。

② 一般使用新闻纸印刷的彩色报纸或黑白报纸，其分辨率为120DPI。

③ 一般采用胶版纸、画报纸、铜版纸、卡纸、白板纸印刷的彩色图片，如书籍、画报、广告宣传品、杂志等，其分辨率为300DPI。这也是我们常规印刷中所使用的标准图像文件的分辨率。

④ 高档书籍、精美画册和广告印刷品，其图片的分辨率为350DPI。

⑤ 精装珍品图书或特殊有价证券、特殊纸币等，其分辨率为400DPI，具体情况要根据印刷纸张和印刷设备来确定。

显示器的分辨率——显示器上每单位长度所显示的像素或点的数目称为该显示器的分辨率。通常，显示器的分辨率是以每英寸含有多少点（DPI）来计算的。显示器的分辨率取决于显示器的大小及其像素设置。大多数显示器的分辨率为96DPI，而较早的Mac OS显示器的分辨率为72DPI。

打印机的分辨率——打印机在每英寸内所能产生的墨点数目（DPI）称为打印机的分辨率。大多数桌面激光打印机的分辨率为600DPI，而照排机的分辨率为1200DPI或者更高。为了达到最佳打印效果，图像的分辨率可以不与打印机的分辨率完全相同，但必须与打印机的分辨率成比例。

虽然喷墨打印机产生的是喷射状墨点，而不是真正的点，但是，大多数喷墨打印机的分辨率为300～600DPI，所以，打印150DPI图像时往往能获得较佳的打印效果。

（6）图像通道与菲林片

通道（图2-26）实际上是一个单一色彩的平面，我们看到的五颜六色的彩色印刷品，其实在印刷的过程中只用了四种颜色。在印刷之前先通过计算机或电子分色机将图片分成四色，并打印出分色胶片（菲林片）。一般来说，一张彩色图像的分色胶片是四张透明的灰度图，单独看每一张分色胶片时不会发现什么特别之处，但如果将这几张分色胶片分别以C（青）、M（品红）、Y（黄）和K（黑）四种颜色按一定的网屏角度叠印到一起时，我们会惊奇地发现，它原来是一张绚丽多彩的彩色照片（图2-27至图2-29）。

在以印刷为最终目的的平面设计中，当设计稿被

图2-26　四色通道

客户认可后，接下来便要将设计文件输出为印刷用的胶片。印刷胶片的输出设备主要有激光印字机、激光照排机、CTP直接制版机等。其中应用最为普遍的是激光照排机，它通过栅格图像处理器RIP直接将电脑送来的文件输出，生成C、M、Y、K四张分色胶片。CTP直接制版机是计算机直接制版系统中印版或印品的输出设备。直接制版机实际上是一台由计算机控制的激光扫描输出设备，在结构上与激光照排机非常相似，所以也称为印版照排机。

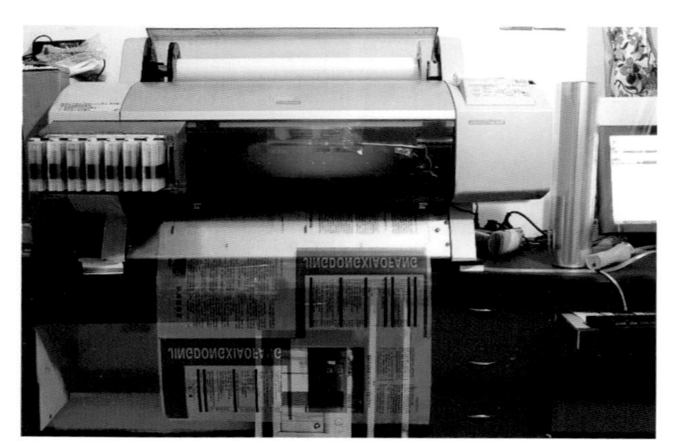

图2-27　输出菲林胶片

CMYK四色菲林片
像X光片一样的四色菲林片，只不过是悬挂了印刷用网。

图2-28　分解后的四色单片

图2-29　四色印刷分色图

（7）输入技术指标

扫描仪输入分辨率的大小是衡量扫描仪扫描精度的重要指标。反射原稿的最高输入分辨率通常为600～2400DPI，透射原稿的最高输入分辨率通常为300～8000DPI。扫描密度范围是指扫描仪能够分辨的原稿的最大密度范围。扫描仪的幅面也是一个重要的技术指标，通常对扫描仪进行分类也主要是以幅面大小作为依据。台式扫描仪一般以A4、A3幅面为主。更大幅面的扫描仪是滚筒式扫描仪，目前市场上有A1和A0幅面的滚筒式扫描仪。

以印刷为最终目的的平面设计，对图片扫描的各项技术参数设置都有严格的规定和要求。以常见的四色胶印为例，图片的扫描格式为TIFF，分辨率设置为300DPI，文件的大小应尽量与印刷所需的实际尺寸相同。

4. 印刷字体

字体（图2–30）是文字表现的外部形状。

图2–30 字体示意图

创意字体——也称专用字，是设计师或书法家为某一企业、单位、团体、品牌和产品特地设计或书写的字体。在现代设计中，它属于CI设计的一个最主要、最基本的视觉元素，称为标准字体设计。专用字体在传统的设计印刷中早已被广泛应用，如企业单位及产品名称用特写字体或名人书写字体作为标志，用于印刷。除书法家书写的专用字体外，有时设计师也通过对标准字体的结构、形态等视觉特征进行艺术处理来设计字体。

艺术字体的设计与制作，有时称为“美术字”“变体字”或“专用字”，即设计师根据需要设计出常用字体，以及现有计算机字库中所没有的、专用于某一特定对象或内容的个性化字体。在平面设计中，字体不仅仅起到说明的作用，文字的造型本身就极具视觉表达力，不同字体代表不同的设计艺术风格。字体设计是平面设计中的一个重要内容，对整体设计的成功与否起着至关重要的作用（图2–31至图2–33）。

图2–31 专用字体在标志上的运用

印刷字体——是供排版、印刷用的规范化的文

图2-32　专用字体在标志上的运用

图2-33　设计艺术字体

字形态。在平面设计中，对印刷字体的了解与应用主要包括两个方面：一是字体的种类，如中文字体里的宋体、楷体、黑体，拉丁文里的古罗马体和现代罗马体等；二是字体的大小，即常说的“字号”和“点数”。印刷文字的大小尺寸标准是平面设计师在印刷排版设计中必须明确的一个视觉空间概念，同时也是印刷行业共同约定的文字大小标准。

使用点数单位来表示文字的大小。点数制又叫磅数制，是英文point的音译，缩写为“P”。 文字的大小以mm计算，计算单位为“级”，用“J”（旧用“K”）来表示。1级（J）=0.25mm，1mm等于4级。 照排文字的大小用级来计量，如果遇到用号数标注的文字，必须将号数转换成级数，才能正确掌握文字的大小。

常用的字库有汉仪、方正、华文、文鼎、文新等，各种常用的中英文字体在这几种字库中都有，但字体风格有一定的差别，特别是一些变体字和新创的字体，不同的字库都有其独特的风格特征（图2-34）。

中文常用基础字体（方正字库）

印刷美术设计
印刷美术设计
印刷美术设计
印刷美术设计
印刷美术设计
印刷美术设计
印刷美术设计
印刷美术设计
印刷美术设计
印刷美术设计

拉丁字母常用基础字体（方正字库）

PRINTNG ART DESIGN
PRINTNG ART DESIGN
PRINTNG ART DESIGN
PRINTNG ART DESIGN
PRINTNG ART DESIGN
PRINTNG ART DESIGN
PRINTNG ART DESIGN
PRINTNG ART DESIGN
PRINTNG ART DESIGN
PRINTNG ART DESIGN
PRINTNG ART DESIGN
PRINTNG ART DESIGN
PRINTNG ART DESIGN
PRINTNG ART DESIGN
PRINTNG ART DESIGN

字号的对应关系

字号	P（磅）	K（照相排字级数）1K=0.25毫米	
八号字	5	7	印
七号字	5.5	8	印
	6	9	印
	7	10	印
六号字	7.5	11	印
	8	12	印
	9	13	印
	10	14	印
五号字	10.5	15	印
	11	16	印
	12	18	印
四号字	14	20	印
三号字	16	24	印
	20	28	印
二号字	22	32	印
一号字	26	38	印
	31	44	印
	34	50	印
	38	56	印
	42	62	印

淡红色为P（磅）所对应的字体

图2-34　字体字号、磅数、级数对应表

思考题

1. 印刷系统常用软件有哪些，其主要功能是什么？

2. 印刷系统常用硬件有哪些？

3. 印刷采用哪种色彩模式？为保证印刷品的清晰度，请例举三种说明印刷网线成数的多少与纸张品种的对应关系。

4. 印刷常用的图像类型有哪些，其主要功能是什么？

5. 图像输入有哪些方式，图像大小与分辨率指的是什么？

6. 图形图像的储存文件格式哪种最适合印刷？请例举说明。

7. 适于印刷的字体有哪两种，它们有什么区别？

第三章

印刷美术设计

在平面设计和印刷行业里，人们习惯于将一个完整的印刷过程分为印前、印中和印后三个阶段。印前阶段是指创意设计、印刷胶片输出和印前打样；印中阶段是指正式上机印刷阶段；印后阶段是指印刷品的后期加工，如裁切、覆膜、压型、装订等。从设计师的工作角度来说，印刷品从最初的创意设计到印刷加工完毕，一个完整的印刷业务运作过程应包括以下四个主要的阶段，即创意设计阶段、出片打样阶段、印刷阶段和印后加工阶段。

印前的创意和设计，是一件印刷品成功与否的基本保证。对于平面设计师来说，这一阶段在整个印刷业务操作程序中所起的作用是至关重要的。

第一节　创意设计流程

1. 创意内容与素材搜集

（1）设计内容

了解和研究设计内容是做好设计的前提。正确认识和把握内容与形式的关系是设计创作的最基本问题。设计的形式受到审美、技术和经济等各种因素的影响，但最重要的还是设计对象本身的内容。内容决定形式，是设计的基本规律。全面、深入、细致地了解所要设计的对象和内容，是做好创意和设计的第一步。

由于样本设计在印刷平面设计中最具代表性，是广告设计公司和设计师接触最多的业务之一，因此，下面我们将主要以样本广告设计为例来谈印前创意设计准备的若干环节。

（2）设计定位

任何一个企业、单位、产品或服务都有其自身的市场定位，比如，该企业为社会和市场提供何种价值利益，它的核心经营理念是什么，它的产品或服务有何特点，与同行业相比有何优势，它所服务的目标对象群是什么，企业的形象系统状况如何，应做何补充、改善或重新规划，企业决策层在形象战略上的认识与想法如何等。商业产品的定位主要包括地域定位、类别定位、特点定位、用途定位、档次定位、使用时间定位和形象色彩定位等。只有充分了解这些定位，设计师才能在设计中明确创意和设计的定位。一个没有市场定位的企业和产品迟早会被市场遗忘和淘汰，同样，一个没有明确设计定位的创意设计将很难引起人们的注意。设计的定位是建立在对设计对象定位的深入了解和分析基础之上的，它并不是指画面的构图、文字和形象的安排，而主要是指确定设计的表现重点，比如确定设计的诉求点及表现形式等。现在，许多新成立的企业和新开发的产品都有较详细的市场调查、可行性分析报告和明确的市场定位，设计师首先可以从这些文件中找到对样本策划设计非常有价值的信息资料。

（3）与客户沟通

同客户方充分沟通，以取得共识，这一点在设计过程中特别重要。由于印刷客户来自各行各业，他们所面对的消费群体或服务群体也各不相同，因此他们最了解广告所要宣传的产品或服务的内容和品质，他们也最了解广告传播的最终目标对象，即产品所服务的消费者。所以说，客户最有发言权。设计师在开始正式设计前，首先应该充分了解客户对设计的想法、意图和要求，以及他们提供的有关信息，以便在设计中尽量满足他们的要求。

（4）文案的收集与整理

在印刷平面设计特别是样本类广告设计中，设计师首先面临的工作就是收集、整理和熟悉文案。文案的原始资料一般由客户提供，有的客户会将整理编写好的、较规范的文案交给设计师，为设计师的设计提供很大的方便。但更多时候设计师拿到的可能是一堆没有头绪的文稿、图表和数据，遇到这样的情况，应该根据需要组织或聘请专业广告文案人员共同参与创意与设计。对于大的印刷设计项目，应该组成一个由文案写作、广告摄影及客户部、印刷部等相关专业人员组成的专门小组或项目部，与客户一起来合作完成设计材料的收集、整理和编写工作。

（5）图片的收集、选择与拍摄

在印刷平面广告设计中，图片的使用率很高，这是因为较之文字信息，图像信息在视觉传达上更具有直观、快捷、真实和效果强烈的特殊优势。广告图片的艺术水平和拍摄质量是设计和印刷质量的重要保证，特别是那些以图片为主的大幅广告招贴、画册、挂历等印刷品，因此一定要请客户提供高质量的图片，或者组织专业摄影师进行拍摄。

（6）图表、图例与插图

各种图表、图例、插图和技术图纸等视觉艺术语言表现形式，可以更直观、明了、全面和形象地传递各种信息，因而在平面设计中被广泛采用。如机构设置、资源配置、市场占有率、生产和销售增长率、产品的技术参数、工艺原理以及操作规则等。有些技术性的图纸、图表和图例，由于专业性很强，设计师最好要求客户提供电脑文件的磁盘。对于一般的示意图、销售网络图以及地理位置图，设计师应该按客户要求在相应的设计软件中重新制作，或在扫描文件上进行认真修补。对于图表类的图形文件，为保证其印刷的清晰度，最好不要直接使用扫描图。

（7）设计方案

设计师整理设计内容时，首先要保证信息内容的准确、鲜明，即表现什么，同时注意视觉形式表现的个性，即如何表现。前者重在信息内涵特征，后者重在视觉形象特色。

设计是一个复杂的心理过程，具体表现为对调查研究所得到的材料要经过去粗取精、去伪存真、由表及里地分析、综合、比较、抽象、概括、系统化、具体化和形象化的过程。而形象语言的把握在于恰当、清晰、独到与新颖。

设计提纲实际上是设计师在对全部内容和素材进行全面深入的分析和研究之后，运用平面设计的视觉传达语言，将脑海中所形成的有形的、具体的预想效果用文字加以体现。规范的样本设计提纲应该包括以下内容：整体创意和设计定位、主要内容与章节的确定、印刷品的开本和页码的确定、印刷材料和加工工艺的确定等。只有当设计提纲或方案得到客户认可后，方可进入正式的设计。

2. 图片的输入、处理与制作

在平面设计中，印刷对图片的质量要求是最高的，同时，图片的扫描质量也直接影响到制版和印刷质量。因此，在印刷平面设计中，图片的输入是极为重要的一个环节。

（1）图片输入

图片的输入是指将设计所需的图像文件（即位图文件，如照片和绘画作品等）输入到计算机中，并转换成计算机平面设计软件所能接受的信息和文件格式，供设计师进行处理。

① 图片来源。原稿图片是复制的基础，印刷设计所使用的图片由于来源不同，输入方式也不一样。印刷用的图片主要来自三个方面：一是通过传统照相设备拍摄并冲印好的照片、专业反转片或印刷复制品；二是通过平面设计图像光盘资料库所获得的图片；三

是通过数码照相机拍摄的数字式图片。我们通常所说的图像文件输入，主要是指将照片、反转片和印刷复制品通过扫描或电分，转换成数字化信息的过程。而数码照相机和图像光盘资料库中的文件，由于它们本身就是数字化文件，只需将它们连接至电脑并存入指定的文件夹内即可。

照片、反转片和印刷复制品——这类图片的种类较多，一般分两大类，即透射稿和反射稿。透射稿主要有彩色反转片、彩色正片、黑白底片和各种负片。反射稿主要有彩色照片、各类画稿、印刷品和黑白照片等。

严格来讲，印刷用的原始图片最好是专业级的反转片，这样的原始图片通过专业扫描电分，其清晰度、影调颗粒细腻程度、色彩的纯度和饱和度等技术指标都是一般普通照片无法比拟的，即使在印刷中被放大到数倍尺寸，其图像质量也不会受到影响。但在实际的印刷设计中，设计师接收到的图片往往以普通的彩色照片居多，质量参差不齐，因此，在图片的扫描和电分过程中要尽量予以校正。

电子图片资料库——在平面设计中，设计师会使用到专门的平面设计电子图片资料库。正规的电子图片资料库一般配有与光盘所收图片相对应的小图册，小图册中的每幅小图片下会标记该图片所在光盘的序号和文件名，以便设计师查找，使用方便。广告公司的平面设计部门和专业平面设计师一般都会有各种不同类型和版本的电子图片资料库，图片内容一般分为风光、花草、植物、动物、人物、建筑等，在平面设计中经常用作装饰性底图、底纹和点缀。

印刷使用的图片库对图片文件的格式、尺寸和质量要求很高，所以在选用电子图片库时要特别注意：专业的印刷用图片库，其图片文件会有JPEG和TIFF两种文件格式。JPEG格式是压缩文件，尺寸很小，是专门用于快速查找图片的电脑显示文件，TIFF格式文件则是正式使用的图片文件。专用图片资料库的图片文件大小应该在20MB以上。

数码摄影作品——近年来数码摄影作品越来越多地被应用到平面设计与印刷品中，给设计师带来了极大便利。与传统的胶片摄影相比，它不仅节省了照片洗印的时间和费用，也省去了图片电子分色的时间和费用。

随着数码照相技术的快速发展，现在一些中档价位的数码照相机也能应用到印刷中来。例如，具有500万以上有效像素的卡片机，用最高质量拍摄，设置为2560像素×1920像素，得到的JPEG格式照片，色彩模式为RGB，将其转换为印刷用的TIFF格式，CMYK的色彩模式，分辨率调整到300DPI后，图像尺寸为21.67cm×16.67cm，像素大小为18.8MB，制作大度16开以内的印刷品，其效果和质量都很好。当然，如果条件许可，应该配备更专业的数码照相机，如1000万像素以上的单反数码照相机。

② 输入方式的选择。对于需要扫描的图像文件，为了节省图片电分费用，一般在初稿设计阶段都是先用普通的平板扫描仪对图片进行扫描，并将文件的尺寸缩小至原图片大小的1/2或1/3后进行设计，以提高设计速度。当设计稿经过客户认可并同意出片时，再将最后确定选用的图片送到专业的输出中心，按照设计要求的实际尺寸进行电分，以保证最后印刷品的图片质量。但这也会给设计人员带来新的麻烦，因为对那些要做较多处理和组合的图片文件又得重新再做一次，这不仅需要花费相当多的时间和精力，并且有些特技效果还很难做得与原设计稿完全一样。因此，对于那些明确要采用而且处理工作量较大的图片，可以提前到专业的输出中心进行电分。

③ 输入图片的技术参数。以印刷为最终目的的平面设计，对图片扫描的各项技术参数设置都有严格的规定和要求。

对于色彩和明暗影调需进行调整的图片，专业输出中心会在扫描阶段进行校正和调整，设计师也可根据设计需要向负责扫描的技术人员提出具体的技术要求。

（2）图片处理与制作

平面设计中对图像文件的编辑处理都是在图像设计软件Photoshop中完成的。平面设计专业的学生已经对平面设计软件有所了解，但在进行实际的印刷设计时容易忽视一些问题，这里我们仅从印刷设计的角度对这些问题做一个介绍。至于平面设计软件的初学者，请参考专门的或相同版本序号的软件操作手册。

① 色彩调整。高品质的图像印刷质量是衡量整体印刷水平的重要标准。对图像文件的选择、输入、调

整、修补、编辑处理等，是设计师在具体的设计过程中首先要面临的专业考验。

色彩调整（图3-1）主要是对图像的亮度、色相、饱和度及对比度进行调节。Photoshop对图像色彩的调整功能主要集中在“图像”菜单下的“调整”子菜单中，其中最常用的是“色阶”“曲线”“色彩平衡”“亮度/对比度”“色相/饱和度”“替换颜色”等色彩调整和编辑命令。

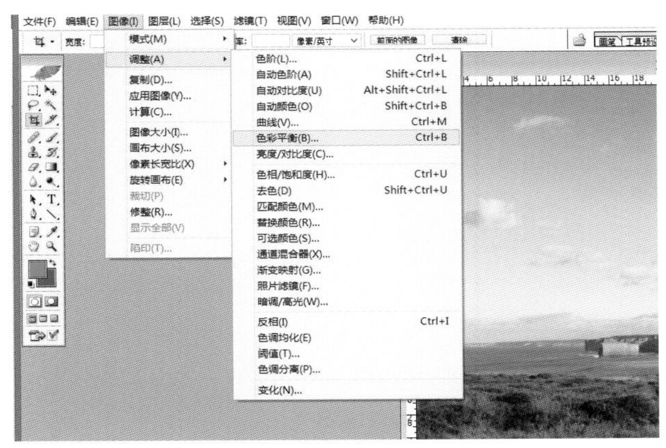

图3-1 色彩调整

② 图像的锐化与模糊。在图像编辑和处理中，对图像的锐化和模糊处理是经常用到的。锐化和模糊处理主要有两种。

小面积的锐化与模糊——局部锐化和模糊处理一般使用锐化或模糊工具。锐化与模糊的面积和程度由画笔工具的大小和压力调节滑杆来控制。模糊工具是把凸出的颜色分解，使图像局部模糊。锐化工具与模糊工具相反，它是增加颜色强度，使图像中柔和的边界或区域变得清晰。

小面积的局部锐化主要用于某些希望重点突出和强调的部位。模糊工具在图片的拼接和修补中经常使用，可以消除图片在拼接或修补后留下的痕迹，使经过拼接或修补后的图片显得自然，不留痕迹。在这一功能上，模糊工具的效果与涂抹工具比较接近。

大面积的锐化与模糊——整体的锐化和模糊处理可使用“滤镜”菜单中的“模糊”和“锐化”命令

图3-2 图像锐化

（图3-2）。先选取要处理的范围，然后进行锐化和模糊处理。锐化有“USM锐化”“进一步锐化”“锐化”“锐化边缘”等。模糊有“动感模糊”“高斯模糊”“进一步模糊”“径向模糊”“模糊”“特殊模糊”等（图3-3）。

利用Photoshop“滤镜”菜单中的“模糊”和“锐化”命令，除了能产生各种锐化和模糊效果外，还可以制造出如物体飞速行进等的动感视觉效果。

图3-3 图像模糊

③ 图片的淡化与虚化。在印刷平面设计中，图片的淡化处理应用很普遍，通常用作底纹和装饰性图案。图片的淡化处理形式主要有两种。

整体淡化处理。Photoshop对图像的淡化方式很多，最常用的方式是在图层中通过直接调节该图片的透明度来完成，即将需要进行淡化处理的图片单独设为一个图层，然后运用透明度滑块对该层的透明度进行调整（图3-4）。

图3-4　整体淡化

局部淡化与虚化处理。在设计中有时只需对图片做局部的淡化或虚化处理，如图片的中间部分、图片的四周边缘或某一边等，使之与底层形成自然的淡化过渡，具有柔和渐变的边缘，形成虚化效果。进行这样的处理，一般先选取需要淡化与虚化的范围，使之成为编辑选区，然后对选区进行羽化，再对需要淡化或虚化的部位进行填充或删除处理。

④ 破损图片的局部修补。在印刷设计中，设计师和制作人员所接受的图片文件经常有不同程度的划伤、破损、残缺、斑点、油污等情况，在出片之前必须对这些缺陷进行修补和处理。在Photoshop中，常用的修补工具有如下两种。

利用画笔与吸管工具修补。首先用吸管工具吸取与图片破损部位边缘相近的颜色，然后再用画笔工具对破损和斑点部位进行修补。这种方法适合修补小面积的斑点、划痕和油污等图片缺陷。

利用图章工具修补。如果需要修补的面积比较大，运用画笔工具就很难对其进行修复，因此，一般使用图章工具对较大面积的图片破损部位进行修补（图3-5）。

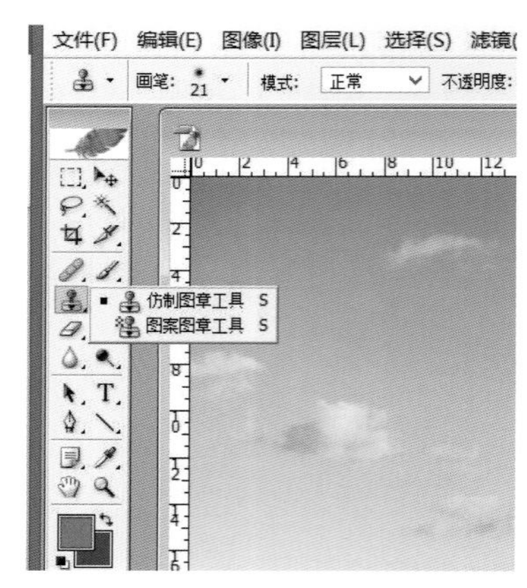

图3-5　图章工具

图章工具有两种，即仿制图章工具和图案图章工具。仿制图章工具可以复制图像的局部，其特点是不仅可以在同一幅图像中进行复制，还可以将一幅图像中的某一部分复制到另一幅图像中。与仿制图章工具不同，图案图章工具的复制来源是图案本身。在较大面积的图片修补中，一般使用仿制图章工具。

⑤ 图片的去底。将图片中不需要的部分去除掉使之成为空白，称为“去底”。一般的去底主要是指将图片中主体物以外的背景去掉，使主题更加突出，或便于与其他图片进行组合拼贴。图片去底质量的好坏，直接影响整体设计的水准与质量。

从理论上来讲，Photoshop的所有操作都需通过选区的创建，对所选区域内的图像进行处理而不影响

图3-6　图片去底

其他区域的内容。精确地选取好图片中需要去底的部分，是保证去底质量的第一步。针对不同图片的具体情况和去底要求，Photoshop提供了多种选取方式和工具，如矩形选框工具、椭圆选框工具、单行选框工具、单列选框工具、套索工具（图3-6）、多边形套索工具、磁性套索工具、魔棒工具等。但精确的图片去底，一般都使用钢笔工具配合路径工具进行。

3. 确定纸张种类及规格

印刷品的种类繁多，纸张使用要求以及印刷方式各有不同。

以纸张形状不同可分为平张纸和卷筒纸。平张纸分为正度887mm×1092mm、大度纸889mm×1193mm。卷筒纸纸张规格按照宽幅尺寸与长度尺寸而定。

纸张的克重，是指每平方米纸的重量。150克以下称为纸，150克以上称为板纸、卡纸，500克以上称为纸板。

板纸采用原纸与底纸复裱而成，以底纸颜色分为白底白板纸、灰底白板纸、黄底白板纸。适用于商品包装（盒、箱、筒），可以与瓦楞纸复裱作为食品、酒类、家电、生活用品等的包装纸。

卡纸采用原纸进行工艺涂膜处理，分为单面卡纸、双面卡纸、铝卡纸（真空镀、铝箔复裱、染色处理）、珠光纸、白卡纸、高光卡纸、玻璃卡纸、彩色卡纸、艺术卡纸、牛皮卡纸等。适用于香烟、化妆品、高档酒类、茶叶类、巧克力、糕点、礼品、纪念品、书籍及样本、针织包装、拎袋等。

纸板分为白板、灰板、彩板，适用于裱糊高档商品礼盒。如茶叶、月饼、套装化妆品、日用电器、文化用品等。

以纸张制作工艺可分为胶版纸、道林纸、复印纸、新闻纸、铜版纸（单铜、双铜）、哑粉纸、牛皮纸、石头纸、再生纸、艺术纸、拷贝纸、玻璃纸、瓦楞纸（U、V形）、水松纸等，适用于报刊、杂志、书籍、商标贴、购物袋、封贴、香烟嘴、宣传品、广告等。

根据印刷工艺的要求及特点选用相应的纸张，可以节约材料，降低总成本。现将一些常用印刷纸张的种类及规格介绍如下，供参考选用。

（1）新闻纸

新闻纸也叫白报纸，是报刊及书籍的主要用纸。新闻纸的特点有：纸质松轻、有较好的弹性，吸墨性能好，能保证油墨较好地固着在纸面上。纸张经过压光后两面平滑，不起毛，因而两面印迹均比较清晰而饱满，有一定的机械强度，不透明性能好，适合用高速轮转机印刷。

新闻纸是以机械木浆或其他化学浆为原料生产的，含有大量的木质素和其他杂质，不宜长期存放。保存时间过长，纸张会发黄、变脆，抗水性能差，不宜书写等。所以必须使用印报油墨或书籍油墨，油墨粘度不能过高，平版印刷时必须严格控制版面水分。

重量：（49～52）± 2g/m²。

平板纸规格：787mm×1092mm、850mm×1168mm、880mm×1230mm。

卷筒纸规格：宽度787mm、1092mm、1575mm；长度6000～8000m。

（2）凸版纸

凸版印刷纸主要供凸版印刷使用。这种纸的特性与新闻纸相似，但又不完全相同。凸版纸纸浆料的配比与浆料的调解均优于新闻纸。纤维组织比较均匀，纤维间的空隙又被一定量的填料与胶料充填，并且还经过漂白处理，所以这种纸张对印刷具有较好的适应性。它的吸墨性虽不如新闻纸好，但它具有吸墨均匀的特点，抗水性能及纸张白度均好于新闻纸。具有质地均匀、不起毛、略有弹性、不透明，稍有抗水性能，有一定的机械强度等特性。

重量：（49～60）± 2g/m²。

平板纸规格：787 mm×1092 mm、850 mm×1168 mm、880 mm×1230 mm（另有一些特殊尺寸规格的纸张）。

卷筒纸规格：宽度787 mm、1092 mm、1575 mm；长度6000～8000m。

（3）胶版纸

胶版纸（图3-7）主要供平版（胶印）印刷机或

其他印刷机印制较高级彩色印刷品时使用，如彩色画报、画册、宣传画、彩印商标及一些高级书籍封面、插图等。胶版纸伸缩性小，对油墨的吸收均匀，平滑度好，质地紧密不透明，白度好，抗水性能强。应选用结膜型胶印油墨和质量较好的铅印油墨。油墨的粘度不宜过高，否则会出现脱粉、拉毛现象。还要防止背面粘脏，一般采用防脏剂、喷粉或夹衬纸等方法。

重量：50g/m²、60g/m²、70g/m²、80g/m²、90g/m²、100g/m²、120g/m²、150g/m²、180g/m²。

平板纸的规格为：787mm×1092mm、850mm×1168mm。

卷筒纸的规格：宽度为787mm、1092mm、850mm；长度6000～8000m。

图3-7　胶版纸

（4）胶版涂层纸

胶版涂层纸又称铜版纸。这种纸是在原纸上涂布一层白色浆料，经过压光而制成。纸张表面光滑，白度较高，纸质纤维分布均匀，厚薄一致，伸缩性小，有较好的弹性和较强的抗水性，对油墨的吸收与接收状态十分良好。铜版纸主要用于印刷画册、封面、明信片、精美的产品样本以及彩色商标等。铜版纸印刷时压力不宜过大，要选用胶印树脂型油墨以及亮光油墨。要防止背面粘脏，可采用添加防脏剂、喷粉等方法。铜版纸有单面和双面两类。

重量：70g/m²、80g/m²、100g/m²、105g/m²、115g/m²、120g/m²、128g/m²、150g/m²、157g/m²、180g/m²、200g/m²、210g/m²、240g/m²、250g/m²（其中105g/m²、115g/m²、128g/m²、157g/m²规格多为进口纸）。

平板纸规格：648mm×953mm、787mm×970mm、787mm×1092mm。

（5）画报纸

画报纸的质地细白、平滑，用于印刷画报、图册和宣传画等。

重量：65g/m²、90g/m²、120g/m²。

平板纸规格：787 mm×1092 mm 。

（6）书面纸

书面纸也叫书皮纸，是印刷书籍封面用纸。书面纸在造纸时加了颜料，有灰、蓝、米黄等颜色。

重量：80g/m²、100g/m²、120g/m²。

平板纸规格：690mm×960mm、787mm×1092mm。

（7）压纹纸

压纹纸（图3-8）是一种专门生产的封面装饰用

图3-8　压纹纸

纸。纸的表面有一种不十分明显的花纹，颜色有灰色、绿色、米黄色和粉红色等，一般用来印刷单色封面。压纹纸性脆，装订时书脊容易断裂。印刷时纸张弯曲度较大，进纸困难，印刷效率较低。

重量：150～180g/m²。

平板纸规格：787mm×1092mm、850mm×1168mm。

（8）字典纸

字典纸是一种高级的薄型书刊用纸。纸薄但强韧耐折，纸面洁白细致，质地紧密平滑，稍微透明，有一定的抗水性能。主要用于印刷字典、辞书、手册、经典书籍及页码较多、便于携带的书籍。字典纸对印刷工艺中的压力和墨色有较高的要求，因此印刷时在工艺上必须特别重视。

重量：25～40g/m²。

平板纸规格：787mm×1092mm、850mm×1168mm。

（9）毛边纸

纸质薄而松软，呈淡黄色，没有抗水性能，吸墨性较好。毛边纸只宜单面印刷，主要供古装书籍使用。

（10）书写纸

书写纸是供墨水书写用的纸张，纸张要求书写时不洇。书写纸主要用于印刷练习本、日记本、表格和账簿等。书写纸分为特号、1号、2号、3号和4号五个等级。

重量：45g/m²、50g/m²、60g/m²、70g/m²、80g/m²。

平板纸规格：427mm×569mm、596mm×834mm、635mm×1118mm、834mm×1172mm、787mm×1092mm。

卷筒纸规格：787mm×1092mm。

（11）打字纸

打字纸是薄页型纸张。纸质薄而富有韧性，要求打字时不会发生穿洞，用硬笔复写时不会被笔尖划破。主要用于印刷单据、表格以及多联复写凭证等，还可作为书籍中的隔页用纸和印刷包装用纸。打字纸有白、黄、红、蓝、绿等色。

重量：24～30g/m²。

平板纸规格：787mm×1092mm、560mm×870mm、686mm×864mm、559mm×864mm。

（12）邮丰纸

邮丰纸主要用于印制各种复写本册和包装用纸。

重量：25～28g/m²。

平板纸规格：787mm×1092mm。

（13）拷贝纸

拷贝纸是一种生产难度相当高的高级文化工业用纸，薄而有韧性，适合印刷多联复写本册，在书籍装帧中用于保护美术作品并有美观作用。

重量：17～20g/m²。

平板纸规格：787 mm×1092 mm。

（14）白版纸

白版纸伸缩性小，有韧性，折叠时不易断裂，主要用于印刷包装盒和商品装潢衬纸。在书籍装订中作为简装书、精装书的里封和精装书籍中的径纸（脊条）等装订用料。

白版纸按纸面分有粉面白版与普通白版两大类。按底层分类有灰底与白底两种。

重量：220g/m²、240g/m²、250g/m²、280g/m²、300g/m²、350g/m²、400g/m²。

平板纸规格：787mm×787mm、787mm×1092mm、1092mm×1092mm。

（15）牛皮纸

牛皮纸（图3-9）具有很高的拉力，主要用于包装纸、信封、纸袋和印刷机滚筒包衬等。牛皮纸包括箱板纸、水泥袋纸、高强度瓦楞纸、茶色纸板。牛皮纸是用针叶木硫酸盐本色浆制成的质地坚韧、强度大、纸面呈黄褐色的高强度包装纸，根据外观可分成单面光、双面光、有条纹、无条纹等品种，质量要求稍有不同。牛皮纸主要用于制作小型纸袋、文件袋和工业品、纺织品、日用百货的内包装。

平板纸规格：787 mm×1092 mm、850 mm×1168 mm、787 mm×1190 mm、857 mm×1120 mm。

（16）瓦楞纸

瓦楞纸（图3–10）在生产过程中被压制成瓦楞形状，制成瓦楞纸板以后具有较好的纸板弹性、平压强度、垂直压缩强度等性能。瓦楞纸要求纸面平整，厚薄一致，不能有皱折、裂口和窟窿等问题，否则会增加生产过程中的断头故障，影响产品质量。

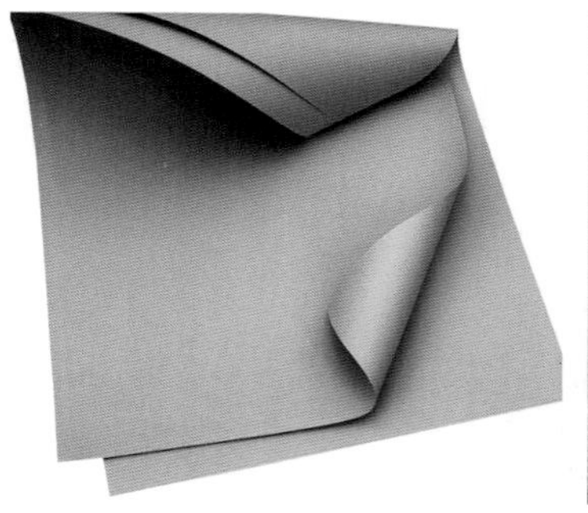
图3–9　牛皮纸

图3–10　瓦楞纸

（17）珠光纸

珠光纸（图3–11）和普通白板纸相同，即由底层纤维、填料和表面涂层三部分组成。与普通白板纸不同的是其表面涂层中有形成珠光效果的颗粒。该颗粒由二氧化钛（或是其他金属氧化物）和云母颗粒组成，云母颗粒被二氧化钛（或其他金属氧化物）包裹而形成，此结构呈薄片状。适用于高档画册、书刊、精美包装、贺卡、吊牌等。

图3–11　珠光纸

珠光纸有单面与双面之分，可根据需求量、颜色、定量（克重）、纹路、尺寸等不同要求生产。

重量：120g/m²、250g/m²、280g/m²。

平板纸规格：787 mm×1092 mm、889 mm×1194 mm。

卷筒纸规格：120克，每包250张；250克、280克，每包100张。

（18）特种纸

特种纸（图3–12、图3–13）是具有特殊用途的、产量比较小的纸张。特种纸的种类繁多，是各种特殊用途纸或艺术纸的统称。特种纸是将不同的纤维利用抄纸机抄制成具有特殊机能的纸张，例如单独使用合成纤维，合成纸浆或混合木浆等原料，配合不同材料进行修饰或加工，赋予纸张不同的机能及用途。

图3–12　特种纸1

图3–13　特种纸2

4. 确定纸张开法与开本

通常把一张按国家标准分切好的平板原纸称为全开纸。在不浪费纸张、便于印刷和装订生产作业的前提下，我们把全开纸裁切成面积相等的若干小张称为多少开数，将它们装订成册则称为多少开本。

对一本书的正文而言，开数与开本的含义相同，但以其封面和插页用纸的开数来说，因其面积不同，则其含义不同。通常将单页出版物的大小称为开张，如报纸、挂图等分为全张、对开、四开和八开（表3-1）。

由于国际、国内的纸张幅面有几个不同系列，因此，虽然它们都被分切成同一开数，但其规格的大小却不一样；尽管装订成书后它们都统称为多少开本，但书的尺寸却不同。通常将幅面为787mm×1092mm的全张纸称为正度纸；将幅面为889mm×1194mm的全张纸称为大度纸。由于787mm×1092mm纸张的开本是我国自行定义的，与国际标准不一致，因此是一种将被逐步淘汰的非标准开本。鉴于国内的造纸设备、纸张以及已有纸型等诸多因素，新旧标准之间尚需有个过渡的阶段。

（1）纸张开法

正开法是指全张纸按单一方向的开法，即一律竖开或者一律横开的方法。

叉开法是指全张纸横竖搭配的开法。叉开法通常用在正开法裁纸有困难的情况下。除以上介绍的正开法和叉开法两种开纸法外，还有一种混合开纸法，又称套开法或不规则开纸法，即将全张纸裁切成两种以上幅面尺寸的小纸。其优点是能充分利用纸张的幅面，尽可能使用纸张。混合开法非常灵活，能根据用户的需要任意搭配，没有固定的格式（图3-14）。

（2）纸制品设计规格

① 名片横版：90mm×55mm（方角）、85mm×54mm（圆角）。

② 名片竖版：50mm×90mm（方角）、54mm×85mm（圆角）。

③ 名片方版：90mm×90mm（方角）、90mm×95mm（圆角）。

④ IC卡：85 mm×54 mm。

⑤ 三折页广告标准尺寸：（A4）210 mm×285 mm。

⑥ 普通宣传册标准尺寸：（A4）210 mm×285 mm。

表3-1　不同开本的标准尺寸对照表

开本＼尺度	大度	正度
全开	1194mm×889mm	1092mm×787mm
2开（对开）	863mm×589mm	760mm×520mm
3开	863mm×384mm	760mm×358mm
丁三开	443mm×745mm	390mm×700mm
4开	584mm×430mm	520mm×380mm
6开	430mm×380mm	380mm×350mm
8开	430mm×285mm	380mm×260mm
12开	290mm×275mm	260mm×250mm
16开	285mm×210mm	260mm×185mm
24开	180mm×205mm	170mm×180mm
32开	210mm×136mm	184mm×127mm
36开	130mm×180mm	115mm×170mm
48开	95mm×180mm	130mm×135mm
64开	136mm×98mm	85mm×125mm

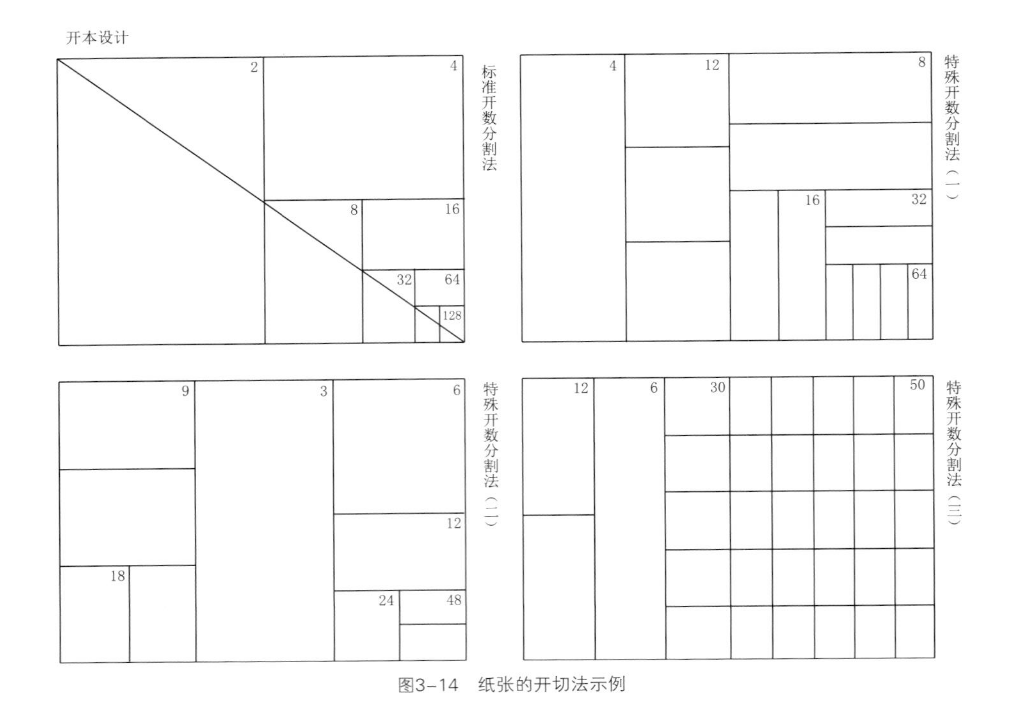

图3-14 纸张的开切法示例

⑦ 文件封套标准尺寸：220 mm × 305 mm。

⑧ 招贴画标准尺寸：540 mm × 380 mm。

⑨ 挂旗标准尺寸：376 mm × 265 mm（8开）、540 mm × 380 mm（4开）。

⑩ 手提袋标准尺寸: 400 mm×285 mm×80 mm。

⑪ 信纸便条标准尺寸: 185 mm×260 mm。

5. 书籍装订形式及特种工艺

书籍装订形式——装订是将书刊印页加工成册的工艺总称。包括按设计的开本规格将印页折成书帖，再将书帖用各种不同的方法连接起来进行加工，直至成为各种形式的书籍、杂志、画册等出版物。以产品形式分类，主要有平装、精装、线装等。按装订的方法分类，又可分为手工装订、半自动装订和全自动装订。

书刊装订的质量和速度直接影响出书的时间以及阅读、保存和装帧的效果。常用的图书装订形式有骑马订、平订、锁线订、胶订等（图3-15）。

把书帖或散页装订成册称为订书。

订书的方式有订缝连结和非订缝连结两类。订缝连结就是用纤维或金属丝将书帖连结在一起，主要有铁丝平订、骑马订、锁线订、三眼订等多种形式。非订缝连结是用胶把帖一帖一帖地粘连在一起，又叫胶粘装订。

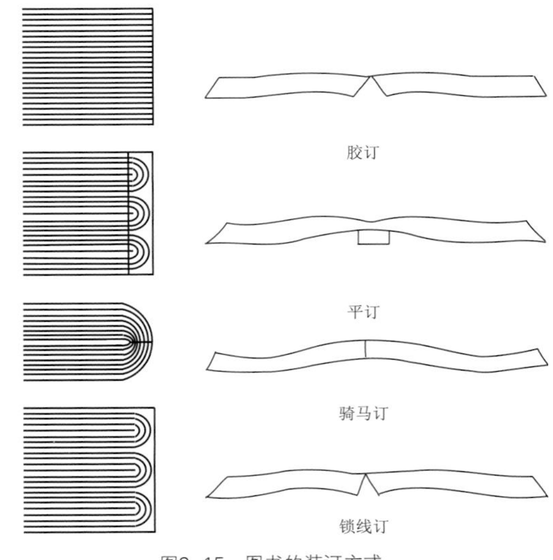

图3-15 图书的装订方式

（1）铁丝平订

以铁丝在书芯的订口边穿订的装订方式称为铁丝平订。一般用自动铁丝订书机完成订书。

铁丝平订的优点是书脊平整美观，成本低，效率高。缺点是订脚紧，书本厚时翻阅较困难，受潮后铁丝易产生黄斑锈，并且能渗透到封皮，造成书页的破损或脱落，因此一般只用于装订200页以下且质量要求不高的书刊。

（2）骑马订

连同封面一起，用铁丝从书帖折缝（书脊）中穿过的装订方法称为骑马订。骑马订成本低、速度快，但牢固性差，易脱落。一般用来装订薄的书刊册子。

（3）缝纫订

用工业缝纫机将配好的书帖沿订口订住的装订方法称为缝纫订。

缝纫订是平装中常用的订书方法。设备简单，不会有因铁丝生锈而影响订书质量的问题。一般适宜装订100页以下的书刊。由于订书速度慢且不易与上下工序组成联动生产线，因此缝纫订已逐步被胶订所取代。

（4）锁线订

锁线订又称串线订。它是将配好的书帖按顺序逐帖用线串订成书芯的装订方法。

这种订书方法是在各帖订口的折缝处用线连结，因此各页均能摊平。用此法装订的书芯牢固度好，使用寿命长，一般高质量和耐用书籍均用这种方法装订。有时为了增加锁线的牢固度，还会在书脊处粘一层纱布，压平捆紧，刷胶贴卡纸，干燥后割成单本，以备包上封皮。

锁线订与骑马订一样，都不占订口，都可以摊开放平阅读，但锁线订更加牢固，常用于精装书或较厚的图书画册。

锁线订分手工锁线和自动锁线机锁线两种。

（5）胶粘订

书帖和书页完全靠胶粘剂黏合的装订方式称为胶粘订。

这种订书方法有不占订口、阅读方便、节约棉纱的优点。缺点是有时易出现书页脱落。近年来印刷量较大的书籍普遍使用这种装订方法。它的特点是“以粘代订”，使订书时间大大缩短，提高了生产效率，也是适合机械化、联动化、自动化生产的一种装订方式。

胶粘订的工艺过程是：铣背→捆页→刷胶→烘干→贴纱布→干燥→割本。铣背就是在折页机上加装划轮刀，折页时划轮刀在每个书帖的帖脊等距离地割开一小段，以便胶液渗透到每一帖的中间。

过去的胶粘装订采用手工操作或部分单机操作，现在已发展到使用联动机操作。

（6）塑料线烫订

把塑料烫订专用线从书帖折缝中穿过，经加热进行黏合的装订方法称为塑料线烫订。这种工艺既有锁线精装的特点，又有骑马订的特点，有利于实现联动流水线。

塑料线烫订书脊的胶背一般采用聚醋酸乙烯乳液（白胶）或聚乙烯醇（PVA）材料。条式刷胶适合于烫塑平装，满背刷胶适合于烫塑精装。

（7）精装书装订工艺

精装书的装订工艺主要由制书芯、制书壳、上书壳三个工序组成。在选用精装封面用料时，应控制使用皮、棉、麻、丝、毛等织品，尽可能用坚韧的纸、漆纸或漆布等物代替。除特殊需要外，尽量避免用真金箔做烫印材料，可用电化铝、色片等代替，以降低图书成本。

精装书的特点是书芯的书背经加工后成为圆背或平背。封面、封底一般是用丝织品、漆布、人造革、皮革或纸张等材料粘贴在硬纸板表面做成书壳。

精装书（图3-16至图3-19）与平装书的主要区别是，精装书的书芯和封皮的用料、装帧等都比较讲究，一般要进行装潢设计。按书脊的形状可分为圆背起脊、圆背无脊和平背等；按封面的外形与结构可分为圆角、直角、全布面、全纸面、布腰纸面、塑料套壳等几种。

精装书的工艺流程是：书芯→压平→刷胶→裁切→扒圆→起脊→刷胶→粘堵头布→刷胶→粘书脊纸→套壳→压平→压书槽（或烫沟）→检验→包装。精装书籍工序多，工艺复杂。目前我国制造的精装自动装订机能对经过锁线或无线胶订的书芯连续进行自动流水作业，最后输出成品。

精装书籍自动生产线由供书芯机、书芯压平机、刷胶烘干机、书芯压紧机、书芯、三面切书机、扒圆起脊机、输送反转机、书芯贴背机、输送反转机、上书壳机、压槽成型机等12台单机排列组成，自动完成精装书的装订工作。

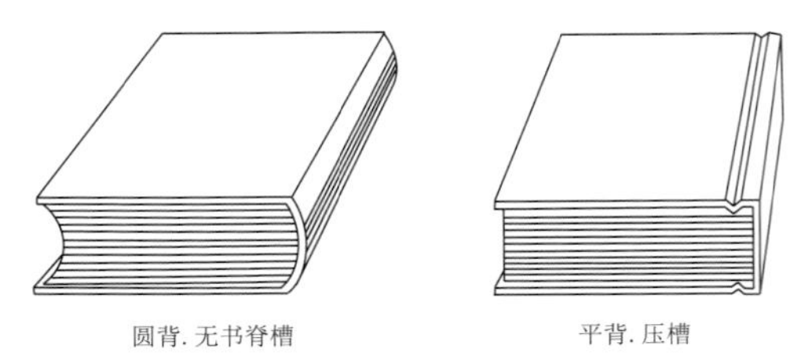

图3-16　精装书的装订样式

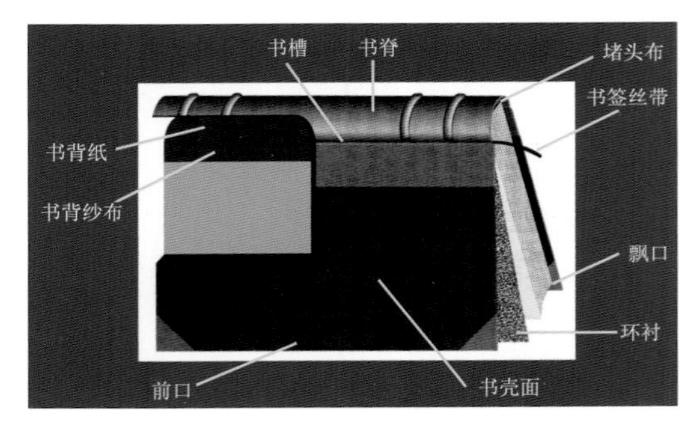

图3-17　精装书书籍结构示意图1

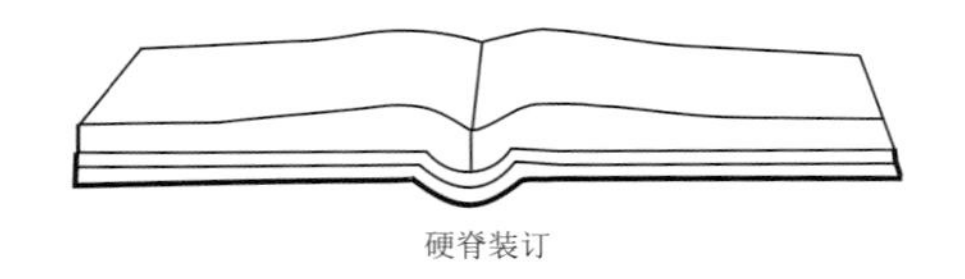

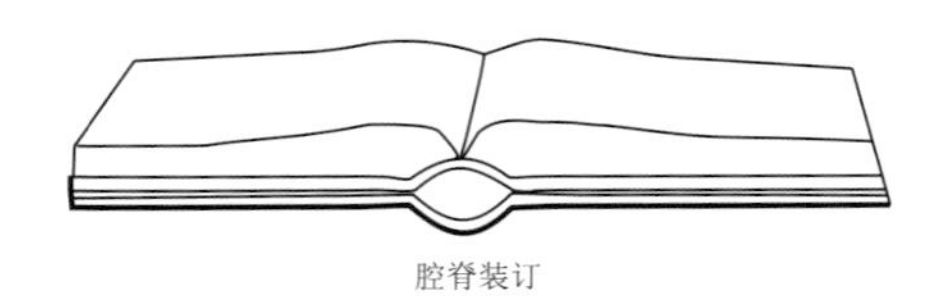

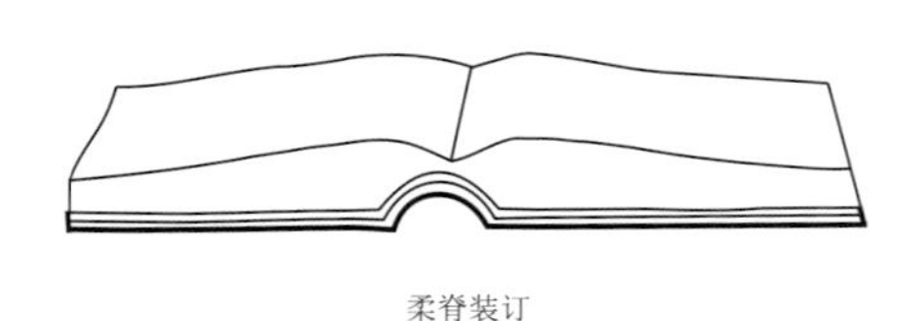

图3-18　精装本套合模式

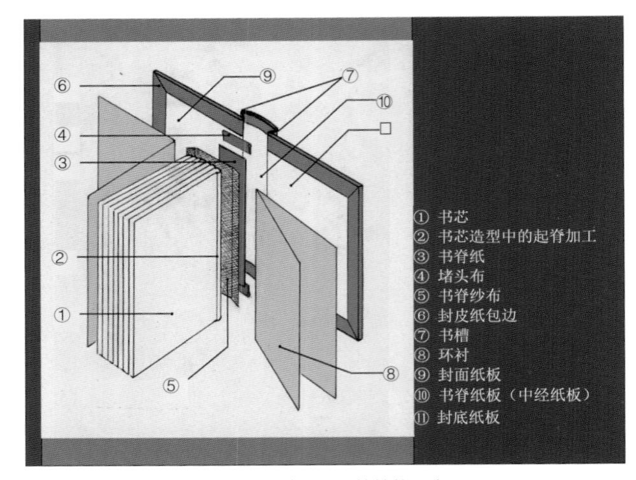

图3-19　精装书书籍结构示意图2

（8）线装

线装具有独特的中国风格，加工精致，翻阅方便，但加工过程费工、费时，而且不便于携带，所以只在一部分历史资料或古籍书的装订中使用。

线装书的装订方法也有简装和精装之分。简装本加工时不包角也没有勒口；精装本装订成册后还需包角并多带勒口，封面用料讲究，如布、绸、缎等，书册还用比较精致的书套来包装。包装书册的盒子、壳子或书夹统称为书函。书函的作用是保护书册，增加书卷气、艺术感，具有极浓的中国风格（图3-20）。

（9）平装工艺

平装是书刊生产中应用最多的装订方法，以纸质软封皮为特征，大多采用齐口，也有采用勒口的。平装具有工艺简便、成本低廉的特点。

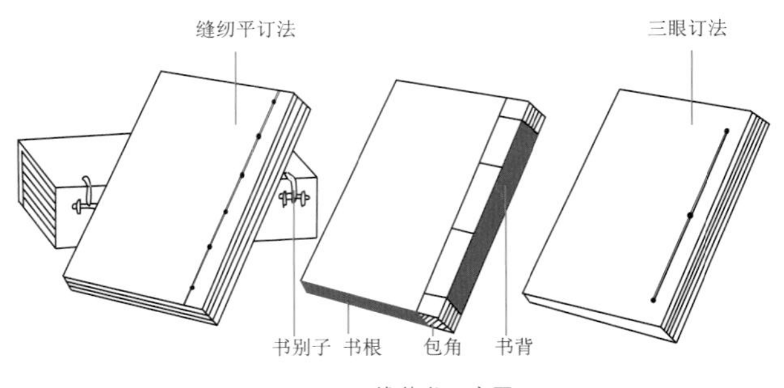

图3-20　线装书示意图

平装手工和半自动装订工艺流程如下。

撞印裁切，用切纸机把撞齐的印张按开本规格切成所需尺寸的操作称为裁切。单张纸印刷机印成的书页一般要先光边。如果折页机规格小，或因书刊开本特殊而不能按常规进行折页时，必须先将印张裁切，裁切尺寸要准确，同一开本的裁切尺寸必须保持一致，然后折页。

（10）折页

将印张按照页码顺序折叠成书刊开本大小的书帖，或将大幅面印张按照要求折成一定规格的幅面称为折页（图3-21）。

折页的方式随着书刊版面排列方式的不同而变化。折页的基本要求是折好的书页位置必须准确，正文版芯外的空白边每页要相等。

① 平行折——相邻两折的折缝呈平行状态的折页方式称为平行折页法。一般适用于纸张比较厚实的印刷品。

② 垂直交叉折——其特点是前一折与后一折的折缝相互垂直。前一折折好后，应先将书页按顺时针方向转90°，再对齐页码折后一折，依次类推。

③ 综合折——在同一帖书页中，各折的折缝既有垂直又有平行，这样的折法称为综合折页法。折页机大多采用这种折页法。折页机根据折页装置的不同，可分为刀式折页机、栅栏式折页机和栅刀混合式折页机。

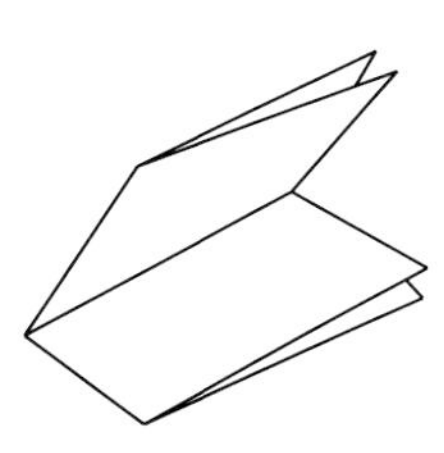

垂直交叉折

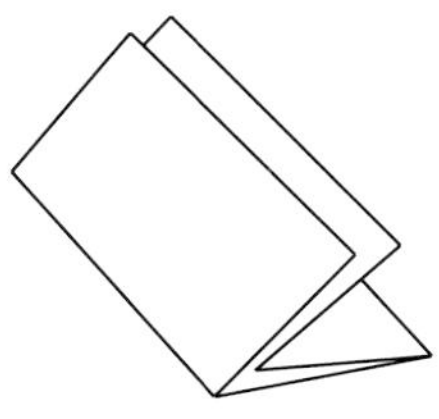

平行折

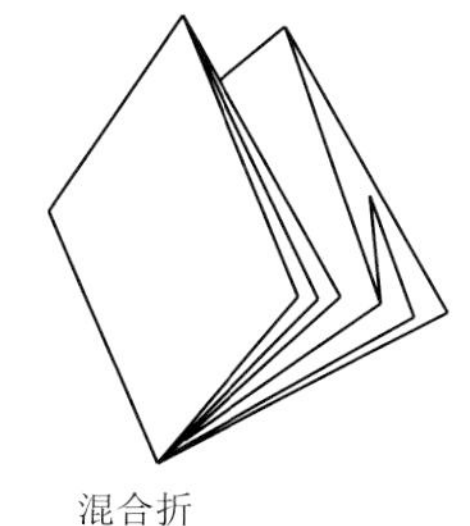

混合折

图3-21　主要折页形式

折页机基本上由给纸装置、定位装置、折页装置、收帖装置和传动系统组成。塑线烫订折页机还要加上塑线烫订装置。

刀式折页机——输页装置将纸张送入折页机的接页台，折刀按准确的规格将印张从中心线处压入接页台狭窄的横缝里，横缝下面有两个自旋方向相反的折页圆辊，折页辊的转动使纸张完成折页的过程。同时，纸张随传送带被送入下一折的位置，直至加工成书帖。

栅栏式折页机——该机由两组折页辊和一个折页栅栏配合来完成每一折的折页动作。纸张经过两个自旋方向相反的折页辊时，产生了与折页辊相等的速度，到达栅栏内板时印张发生弯曲，成对半折入另一组自旋方向相反的折页辊中间，使折过一折的书帖又以折页辊的速度到达下一个栅栏挡板，纸张又被迫弯曲，由折页辊送出而完成二折书帖。依次类推可进行三折、四折，直至完成整个折页过程。

（11）配帖

把书帖或多张散印书页按页码顺序配集成书册称为配页或配帖。配帖方式有两种。

① 套配——将一个书帖按页码顺序依次套在另一个书帖的外面（或里面），成为一本书刊的书芯，再将封面套在书芯最外面，称为套配。套配多用于骑马订书刊。

② 叠配——将各个书帖按页码顺序叠加在一起成为一本书刊的书芯，称为叠配。配帖必须严格按页码顺序进行。在每一张的贴脊处按贴序印上一个小黑方块，即折标，检查时如果发现折标梯档不成顺序，则说明有错贴，需及时纠正。

配页机的主要功能就是分页、叨页、收书。它主要由分页机构、叨页机构、收书机构、检测控制装置和传动系统等组成。

6. 编排与校对

在文字编排设计中，校对是保证印刷品质量的重要环节，必须经过“三校”杜绝文字、标点符号的错误。校对，必须在每次校对完签名，并注明校次，以防出现差错。学习掌握校对的符号是重要的环节（表3-2、表3-3）。

表 3-2　常用校对符号一览表 1

符号作用	符号形态	示例	符号在中文和页边用法示例	说明
改正		增高出版物质量　提	提高出版物质量	改正的字符较多，圈起来有困难时，可用线在页边画清改过的范围；必须更换的损、坏、污字也用改正符号画出
删除		提高出版物物质质量	提高出版物质量	
增补		必须搞好校工作　对	必须搞好校对工作	增补的字符较多，圈起来有困难时，可用线在页边画清增补的范围
换损		坏字和模糊字要调换	坏字和模糊字要调换	
改正上下角		16=42　2 H2SO4　4	$16=4^2$ H_2SO_4	
转正		你的做法真不对	你的做法真不对	
对调		认真经验总结	认真总结经验	用于相邻的字词，用于隔开的字词
转移		校对工作提高出版物质量要重视	要重视校对工作提高出版物质量	
接排		要重视校对工作 提高出版物质量	要重视校对工作提高出版物质量	
另起段		完成了任务，明年……	完成了任务。 明年……	
上下移		序号　名称　数量 01　+++　5	序号　名称　数量 01　+++　5	字符上移到缺口左右水平线处，字符下移到箭头所指的短线处
左右移		要重视校对工作提高出版物　质　量	要重视校对工作提高出版物质量	字符左移到箭头所指的短线处，字符左移到缺口上下垂直线处
排齐		必须提高印刷质量，缩短印刷周期	必须提高印刷质量，缩短印刷周期	

表 3-3　常用校对符号一览表 2

符号作用	符号形态	示例	符号在中文和页边用法示例	说明
正图				符号横线表示水平位置，竖线表示垂直位置，箭头表示上方
加大空距		一、校对程序 校对胶印读物，影印书刊的注意事项	一、校 对 程 序 校对胶印读物，影印书刊的注意事项	表示适当加大空距
减小空距		一、校 对 程 序 校对胶印读物，影印书刊的注意事项	一、校 对 程 序 校对胶印读物，影印书刊的注意事项	表示适当减小空距，横式文字画在字头和行头之间
空1字距 空1/2字距 空1/3字距 空1/4字距		第一章 校对职责和方法	第一章　校对职责和方法	多个空距相同的，可用引线连出，只标一个符号
分开		Goodmorning	Good morning	用于外文
保留	△	认 真 搞 好 校 对 工 作	认 真 搞 好 校 对 工 作	除在原删除的字符下画"△"外，并在原删除符号上画两竖线
代替	○=	机器是由许多另件组成，有的另件是铸造出来的，有的是锻出来的，有的另件是……○=零	机器是由许多零件组成，有的零件是铸造出来的，有的是锻出来的，有的零件是……	同页内，要改正许多相同的字符，用此代号，要在页边注明：○=零
说明	○○○	改黑体 第一章　校对的责任	**第一章　校对的责任**	说明或指令性文字不要圈起来，在其字下画圈，表示不作为改正的文字

7. 制版工艺

印刷所需的图文信息经激光照排机输出为印刷胶片后，再将胶片上的图文信息用物理和化学的方法转移到可供印刷的印版上，这一工艺过程被称为制版（又称为晒版）。

（1）制版

① 曝光——在印版上用光照射印刷胶片的感光层，使之部分发生光学反应，以获得潜在图像的过程称为曝光。将阳图底片有乳剂层的一面与PS版的感光层贴合，置于专用晒版机内，空白部分的感光层在光的照射下发生光分解反应，这就是曝光过程。

② 显影——用显影液将印版上经过曝光形成的潜像显现出来的过程叫显影。可以手工显影，也可以用PS版显影机进行显影。阳图型PS版显影是用稀碱溶液溶解掉曝光后发生见光分解的空白部分感光层，使空白部分露出亲水性的版基，版面上只留下未见光的图文部分的感光层。

③ 后处理——阳图型PS版经曝光显影后，还要进行除脏、烤版、涂显影黑墨、上胶等加工处理。

除脏的目的是将版面上除图文以外的规矩线，底版边缘的影印迹，胶纸带影迹，晒版玻璃以及底版上的脏点造成的印迹等用除脏液去掉。操作时一般用小毛笔蘸上药液在版面上涂擦，然后用水冲洗干净即可。

烤版的目的是提高印版的耐印力。一般PS版的耐印力为10万印左右，烘烤后印版的耐印力可以提高4～5倍。方法是将经过曝光、显影、除脏后的印版放在230℃～250℃的温度下烘烤10分钟左右，使感光层的分子结构发生变化，失去感光性和水溶性，提高其耐酸碱性和耐溶剂性，因而大大提高了耐印力。

预涂感光版（图3-22、图3-23）的感光层本身具有颜色，在铝版上显示比较清楚，不用上墨也可直接上机印刷。但涂显影黑墨（即将显影黑墨涂布在印版的图文部分）可以增加图文部分的吸墨性。

上胶是在印版表面涂布一层阿拉伯胶，使空白部分的亲水性更加稳定，并对版面起保护作用，防止版面受到侵蚀。

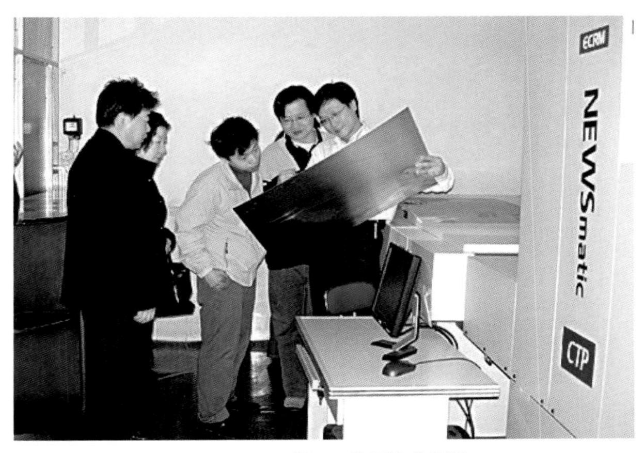

图3-22　PS版，又称预涂感光版

图3-23　检查PS版

出血位——由于印刷印制的过程须预留边缘空白，所以必须标出血线的位置（出血线为3mm），以备印后裁切（图3-24至图3-26）。

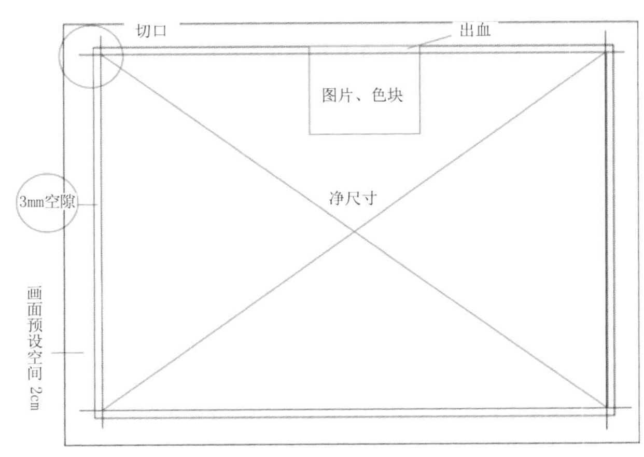

图3-24　单面印刷设计标准示意图

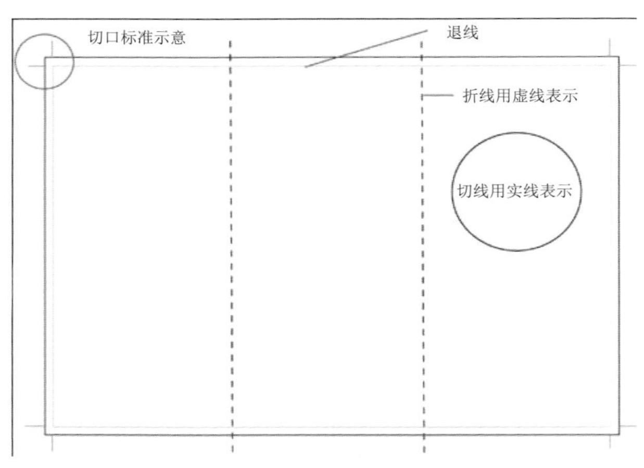

图3-25　折页模切稿示意图

图3-26　标准版面图

（2）拼版

为了适应不同幅面大小印刷机的印刷，输出中心通常要将设计师做好的单个页面拼在一起出片，我们习惯上称这种拼版为“拼大版”。

设计师将设计文件和设计打样稿送到输出中心，并将设计和印刷要求告知输出中心的工艺师，工艺师会根据设计和印刷要求，结合具体的情况，如纸张的开本大小与规格、印刷机的幅面大小、印刷成品的尺寸、组版方式、出血位、页面编排、装订方式、订口宽度等，画出拼版示意图。如果是书刊类印刷，工艺师还会折出样书夹，附在出片单上，供电脑拼版操作人员进行拼版。所以，拼大版实际上是由平面设计师、输出中心的工艺师与电脑拼版操作人员相互配合共同完成的。

在出片中，拼版方式的确定要考虑印刷机结构、裁切、装订等一系列问题，是一项相当具有技术含量和难度的工作，具有严格的专业规范和科学性。只有对整个印前、印中和印后工艺有全面了解，并且具有丰富实践经验的专业技术人员才能胜任这一工作。

现在一般常规的印刷多为四开版和对开版，组版形式主要有单面组版和双面组版，印刷方式有套版印刷、翻版印刷（即跟头翻或就版翻）等。拼版方式正确合理，不仅能保证后续工艺顺利进行，而且还会为设计师或客户节省大量的材料费和印刷工时费。拼版方式可以分为以下几种。

① 单面式——这种方式是指那些只需要印刷一个面的印刷品，如海报等。

② 双面式——俗称“正反版”（图3-27），指正反两面都需要进行印刷的印刷品，如一些小宣传单，小幅海报、卡片等。

③ 横转式——俗称“自翻版”（图3-28）、“就版翻面”，适用于杂志、书籍类的印刷品。比如一本16开杂志的封面，有封一、封二、封三、封四四个版面需要印刷，拼版时分别将封一和封四、封二和封三横向拼

图3-27　正反版

图3-28　自翻版

在一起，再分别将封一和封四、封二和封三头对头地拼在一个四开的版面上，等一面印刷完成后，将纸张横向转180°，用反面继续印刷，完成之后，将印刷品从中间切开，就可以得到两件完全一样的印刷品了。

④ 翻转式——使用同一个印刷版在纸张的一面印刷之后，再将纸张翻转印刷背面，但以纸张的另一长边作为“咬口边”，这种方法俗称“天地翻”（图3-29），但现在已经很少再用这种方式了。

图3-29 天地翻

识，并以此作为交货时客户验收印刷品质量的凭据和标准。另外，印刷打样稿还是正式上机印刷时印刷技师衡量和比较印刷质量的标准和技术依据。

虽然输出中心的专业人员在胶片出来之后可以直接在胶片上发现一些比较明显的问题，但是，由于印刷中的许多细节性问题和最后的印刷效果必须经过胶片打样才能最后确认。所以印前的胶片打样是必不可少的，特别是那些页面多、工艺复杂、印刷量大的产品。因此，按照正规的印刷工艺和要求，胶片出来以后还要进行一次印刷前的打样，这次打样称为印前打样。传统的印前打样都是采用机械打样的方式，因此有时也常将印前打样称为机械打样（图3-30）。由于机械打样要求在与正式印刷基本相同的条件下进行，所以又称为模拟打样。

图3-30 传统机械打样

8. 印前打样与校对

（1）打样

印刷术语对打样的定义是“从拼版的图文信息复制出校样”。

印刷打样除了是对经过拼版输出为印刷胶片的设计文件在印前所进行的最后一次全面校对外，也是对设计稿的最后印刷色彩效果的确认。由于在前面的所有设计过程中，设计师和客户都只是通过电脑显示器和电脑彩色喷墨打样来校对、调整和确认色彩，无法真正看到印刷后的色彩效果。因此，只有通过印刷打样，客户和设计师才能在最后的印刷效果上取得共

① 传统机械打样——一般服务完备的输出中心都有专门的印刷机械打样服务，社会上也有专门提供印刷打样的机构。机械打样的工序是按照正式的印刷工序和印刷原理来安排的，包括晒PS版、使用正式的印刷油墨和纸张、在专门的印刷打样机上进行打样。从本质上来说，印刷打样出来的样稿就是完全的印刷品，与正式的印刷品不同的只是使用的印刷设备和印刷的数量。因此，只要印刷打样没有质量问题并得到客户的认可，就可以放心地正式上机开印。

机械打样是常规印刷业务中最普遍运用的打样方式。不同种类的印刷采用不同的打样机。平版打样机是采用圆压平的形式，印版上的油墨通过往复运动的橡皮滚筒传递至纸版台上的纸张上。目前采用较普

遍的是单色打样机，以圆压平、湿压干的形式进行往复回旋运转，而印刷机是以圆压圆形式印刷，多色机是以湿压湿形式印刷，所以在印刷效果上难免有所差异。为了缩小打样与正式印刷之间的差距，采用单色打样机要严格按操作规程进行。另外，多色胶印轮转机打样已成为未来发展的方向。

② 预打样——它是指在晒版之前，用模拟印刷油墨色相的基本色（色粉、色膜等），或用电子方法在屏幕上依据分色片制作色样，用以预先检查分色片的质量。预打样不需要印版、油墨和打样机，能在出片之前发现问题并及时予以改正。但是，目前预打样的效果还远不能达到机械打样的水平。随着计算机在印前领域的不断发展和普及，作为预打样方式之一的数码打样技术在硬件和软件上不断得到改进，现在已经越来越为人们所接受。

③ 数码打样——机械打样虽然具有以上诸多优点并一直被广泛采用，但由于它是手工操作，在调整水量、墨量、压力等时难以达到统一数据，因此每一样张间都可能存在差异。另外，机械打样的工艺流程比较复杂，实际上是经历了一次真正的印刷过程。而数码打样不需要胶片、印版、油墨、打样机，它是将印前系统生成的印前数据传输到RIP进行处理后，直接在纸张上输出数字化彩色图像信息进行打样，大大缩短了打样周期。

随着数码打样技术的进步和打印价格的不断下降，数码打印技术作为印前打样将会越来越普及（图3-31）。

图3-31　数码打样机

（2）印前的校对与签样

印前打样完成后，设计师首先要认真校对，同时还必须将印前打样稿送交客户做印前的最后一次审查校对，并在认可的印前打样稿上签字，此后方可上机正式开印。印前打样的校对主要注重文字及图形内容的正误核查、图像复制的质量检查和版式的检查三个方面。如果是需要装订的书籍、杂志，印前打样后要制作两到三套样书，以便查对拼版中印夹和页码是否有错。如果是纸盒类的包装印刷品，还需制作样盒并进行综合技术测评。

作为印刷业务的承接方，无论是印刷厂家还是设计师，都要妥善保管好客户的印前打样签字稿。一旦印刷中出现问题，客户认同的签样稿将是确定责任方的唯一依据。

9. 出片及印刷校正

由于印刷设计涉及的内容和工艺繁杂，并且很多印单往往要求在很紧迫的时间内赶出来，所以在出片和印刷中难免出现错误。有些错误是可以想办法弥补的。

（1）印前胶片的补救

胶片出来后，输出中心的技术人员首先会进行一次检查。如果是输出中心的问题，他们会主动改正或重出；如果是设计师或客户方的责任，通常他们会及时通知客户并积极想办法修补（图3-32）。

图3-32　检查菲林胶片

常用的胶片修补方法有以下几种。

① 局部割补。这是胶片修补中最为简单，也是最为常用的办法。特别是白底上的单色文字错误，通常采用局部割补的方法来修改，即将错误的地方用刀片割掉，再将改正后重出的胶片粘补上去。只要粘补的位置准确，就不会对后面的印刷产生任何影响。

② 单色重出。如果四色胶片中某一色胶片错误的地方较多（通常是黑版的文字部分），最好是将这张胶片整张重出，因为手工操作的割补方法很难保证精确度，有时还会补出新的错误和问题。

③ 部分四色重出。如果是彩色图片、图案或文字部分出现错误，那就只能四色全部重新出片了。但如果不是整胶片（如对开或四开胶片）的错误，可以只出一套16开或4开片，先将胶片中错误的部分割除，然后将重出的胶片拼接上即可。

如果胶片错误比较严重，错误较多，实在无法修补，应该毫不迟疑地全套重出。一套四色胶片的费用目前并不很贵，如果改来改去，有时反会改出新的错误，万一把错误带到后面的印刷中去，将得不偿失。

（2）印后补救

严格来讲，产品印刷完成之后发现的错误都是无法补救的。任何要求严格的客户都不会接受印刷后补救的产品。当然，如果完全是客户方面的原因造成的错误，而他们又提出修补的要求，可以采用以下几种方法。

① 局部粘盖——这是印刷改错中应用最多的方法，适用于小面积的局部改错，即将有印刷错误的地方重印，并将其覆盖在错误处的上面。如果为了覆盖时操作简单快捷，可以用不干胶印刷。但为了尽量做到与原印刷品颜色一致，最好还是选择与原印刷相同的纸张来印。不干胶的纸张颜色与其他普通印刷纸张的颜色本身就有区别，如果补错的地方是彩印，那么不同纸质上印刷出来的颜色差别会更大。

② 局部重印——在书籍画册类的印刷中，如果整页出错或一页出错很多，就只能将该页及该页所属的印夹重新印刷。在书籍装订之前发现印刷错误，重印后再开始装订，对整体的质量不会产生什么影响，只是会造成一定的经济损失，延误工期。因此，如果时间允许，正式印刷完成后，最好是先装订两本样书，自己和客户再认真校一遍，确认没有问题后再开始正式装订。

③ 粘页、换页——书籍画册类的印刷品，在装订完成后发现问题和错误，一般要与客户协商补救办法，客户同意后可以通过粘页或换页的方法进行补救。

如果是采用骑马订方式装订的产品，可将骑马订拆开，取下有错的页面（包括相连的页面），重印后再装订上去。骑马订拆后重装，两次打钉的位置很难完全一致，因此对产品的外观肯定有影响，而且重新印刷的部分会造成一定的经济损失，但这也许是客户最能接受的办法。

如果是胶装的书籍或画册，无法拆后重新装订，就只能将出错的页面重印后粘贴在错误页的上面进行覆盖，或将错误页面裁切掉，离装订线处留出1～1.5cm的边线，将重印的页面搭贴到该页留出的边线上面。

④ 手工涂改——对于印刷中某些局部的、少量的小错误，特别是白底上的文字错误，如个别字符或标点，可采用手工涂改的方法进行修补。如果修改得好，一般不易看出。常用的手工修补方法如下。

用擦、刮或覆盖涂改液的方法去除错误内容。对于纸质表面不很光滑的纸张如书写纸等，如果只是个别字符或标点出错，可用橡皮将错误内容擦掉。对于纸质很光滑并且较厚的纸张，如铜版纸等，可用小刀片将错误内容轻轻刮掉。如果这两种办法的效果都不理想，还可以试试使用涂改液进行覆盖。由于各种纸张的纸质和厚薄不一样，最好是这三种方法都试一下，从中选择效果最好的一种。

用手写、刻模或铅字盖印的方法进行改正。将印刷中的错误内容按以上方法去掉后，接下来就要将它改正过来。根据具体情况，可以采用如下几种改正的办法：如果是笔画简单的字符和标点，可用吸上相同颜色墨水的钢笔或相同颜色的圆珠笔进行修改；如果字型复杂，手工改错有难度，可刻制专门的模板或找到字型相同的铅字进行手工盖印。

⑤ 附印改错通知单——对于有些印刷错误，使用以上所有改错方法都不太合适。比如精装书，无论是

粘补还是挖刮，对整书的外观效果和整体感都会有较大影响，特别是错误较多时，以上的办法更不可取。如果出现这种情况，应与客户商量，最好是印刷一张改错通知单或小卡片，夹（或粘贴）在书中，将印刷出错的页码、行数和错误内容说明清楚，同时不要忘记在改错通知单中印上向读者致歉的文字。

10. 成品质量要求

质量检查包括对印刷品的内容质量和印刷技术质量两个方面的检查。内容质量主要指内容完整，文字、图形没有变形等现象。技术质量主要指规格正确、套印准确、色彩还原真实、版面墨色均匀、压力均匀和纸面整洁等。

内容——印刷品内容符合印刷工单要求，文字、符号、插图等均无错漏。图像、文字完整、清楚、位置准确，无断笔和重影等。

工艺——每块印版的版口、裁口、码底等尺寸符合工单要求，无差错，版芯平直不歪斜。书籍画册印品正反面的字行、页码套印准确，书脊处折标放置准确。精细产品的尺寸误差小于0.5mm，一般产品的尺寸误差小于1mm。

阶调、颜色、网点、产品外观——印刷品图文部分的亮部、中间层次、暗部等的影调分明，过渡柔和细腻，层次清楚。

色彩还原真实，自然协调，符合原稿和设计要求；没有偏色或颜色深浅不一的显现，同批产品的不同印张及印张的正反面墨色一致。

印刷网点清晰，角度准确，没有重影。

印张完整清洁，版面无订帽、空洞及碎破、折角、指纹等；细小脏迹和墨斑不影响主体；无明显透印现象，背面不脏。

11. 印刷预算

（1）纸的印刷用语

克重：一平方米纸张的重量，也叫定量，单位是“g/m^2”。

令：500张全张纸称为“1令”（出厂规格）。

色令：每500张全张纸印刷1色为“1色令”。

印张：印张是印刷用纸的计量单位。1张全张纸单面印刷后，就为1印张，或者说1张对开纸双面印刷后，即为1印张。

印张数=面数/开数。

吨：与平常单位一样，1吨=1000千克，用于算纸价。

（2）印刷预算范围

印刷起印数为5000张全张纸称为一个印工，不满5000按5000算。开机印刷前的工序费用叫印前费用，印刷后再有加工程序的费用叫印后加工费用。

印前加工中的打字、设计、制作、扫描、胶片、硫酸纸、喷墨打样、激光打样、电分、电分打样、接稿、校稿、车费均为印前费用。

印后加工中的烫金、凹凸、压纹、过塑、压线、啤板、粘、切、包装以及运费等均为印后加工费用。

纸价+印前费用+开机费+印后费用+税率17%+送货车费（也可不加）=印刷费用

（3）印刷文件注意事项

① 不能只靠电脑的显示器来选颜色。

② 不能用浅色反白。

③ 不能在同一个版面内用上超过十种字体。

④ 不能忘记预留出血位。

⑤ 不能忘记把图片链接到出版文件中。

⑥ 不能用RGB图片模式输出。

⑦ 图片的格式是WMF或GIF，而不是TIFF或EPS。

⑧ 不能直接用从网上下载的图片做印刷输出。

⑨ 不能认为打样稿的颜色会与显示器中看到的或喷墨机打印出来的样本一样。

第二节　设计规范

1. 书籍设计规范

书刊的出版过程一般由选题、组稿、编写、审稿、编辑加工、定稿发稿、排校付印等工序组成。

精装书（图3-33）的构成元素有以下几个方面（不分开本大小）：护封、封面、书脊、环衬（前后）、扉页、目录、版权页、勒口、飘口等。其版式中的构成元素为：版心、天头、地脚、订口、切口、中缝、书眉等。

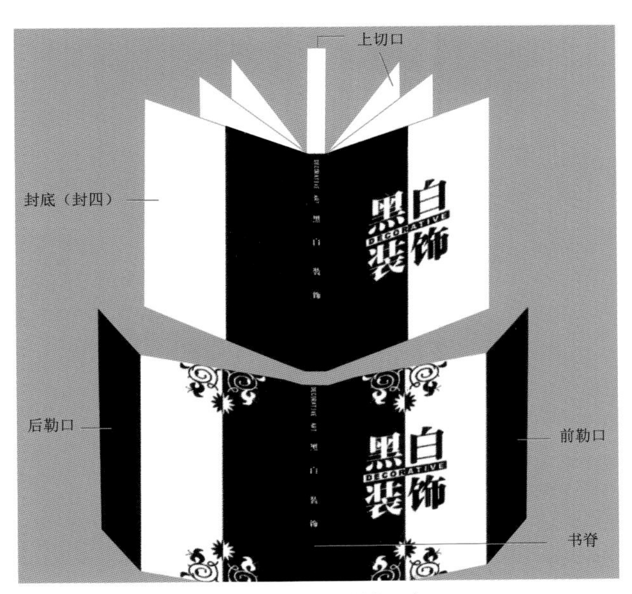

图3-33　精装书的结构示意图

（1）纸张开度

如果开本选用不合理，将使边料增加，纸张的有效利用面积减少。短行较多的书，比如横排的诗集等，如果用32开本，其切口及订口会出现很多空白，用纸较多。假如用狭长形的36开本，就可以节约纸张。但是如果开本太小，折数和光边材料损耗也较多。为了便于印装，尽量不用或少用不规则的开本，这样可降低印装成本。

（2）纸张材料

纸张材料在图书成本中占有很大比重，约占40%以上。因此，合理选用纸张材料是降低图书成本的一个重要方面。

普通图书，如文件汇编、学习材料、文艺性读物等，平装本用52g/m^2（以下简称×g）凸版纸就可以了，精装本可选用60g或70g胶版纸。

歌曲、幼儿读物等，单色可用60g纸，彩色可用80g胶版纸。

教科书一般采用49～60g凸版纸；工具书平装本用52g凸版纸，精装本可选用40g字典纸，一般技术标准可用80～120g胶版纸。

图片及画册一般用80～120g胶版纸或100～128g铜版纸。可根据画册的精印程度和开本选用胶版纸或铜版纸及相应的克重。

年画、宣传画一般用50～80g单面胶版纸，连环画用50～52g凸版纸，高级精致小画片用256g玻璃纸。

杂志一般用52～80g纸，单色一般用60g书写纸或胶版纸，彩色一般用80g双版纸。

① 图书、杂志的封面、插页和衬页的技术要求：内芯在200页以内，封面一般用100～150g纸；内芯在200页以上，封面一般用120～180g纸；插页用80～150g纸；衬页根据书的厚薄一般用80～150g的纸。

同一品种的纸，克数越重，价格越高。正文纸的克重增加，书脊也随之加厚，有时还须调整封面纸的克重与开数，因而产生一连串的连带关系，往往会增加纸张成本。但是，认真选用纸张材料并不是说要“偷工减料”，比如，用普通纸印较为精细的网线版，就会使版面模糊，反而造成浪费。普通读物可选用新闻纸，而需长期保存的书籍就不能用易风化的新闻纸。

② 图书页数——在拼版组版时，要尽量避免出现零页。因为一本书除了正文外，还有其他部分，如四封、扉页、序、目录、版权页等，且可能每个部分的用纸也不同，因此应尽可能地把用纸类型相同的总面数均凑成4的倍数。

③ 装订形式与版式设计——常用的图书装订形式有骑马订、平订、锁线订、胶订等。骑马订、锁线订及胶订，可以把中心跨页处的版心设计得较小些。如果是平订形式，中心跨页处的版心就要设计得相对大些，因为平订书的订口要占5mm左右。

设计文字稿时，正文字体的大小、行间的疏密、四周留空白的宽窄、标题的占行和空行等，都与图书成本有关。如一本书为普通32开本，原设计为横排5号字，每面排26字×25行=650字，行间空5/8条，24万字的书稿就需排370面；如果改排为26字×27行=702字，行间空1/2条，只需排342面。两种规格相差了28面。

在版面数、纸张、装订等各个环节上，我们都有可能降低图书成本。当然，并不是说版面排得越密越好，而是指在适应书稿内容和读者对象的前提下，尽可能地节约纸张材料以降低图书成本。比如，儿童读物的字就不能太小，行距也不能太窄。

④ 合理确定封面尺寸——设计封面要考虑图书的成品尺寸、书脊厚度及勒口大小（图3–34）。一般在不浪费纸张又便于印刷的情况下，勒口可设计得稍大些，多数在30mm以上。但有些封面设计人员不了解纸张规格、开数及印刷机性能，在进行封面设计时不根据纸张开数而随意把勒口的尺寸固定下来，制版后往往因不符合纸张规格的开数要求而造成浪费。而且，现在大部分图书的封面印后需要覆膜，因此又提高了覆膜的成本。

例如，一套上、下册各为600面左右的大32开图书，用52g纸印刷，书脊厚度为22mm，封面采用胶版印刷，上、下册各印2万，封面印后覆膜。如果将勒口设计为65mm，就需用787mm×1092mm的1/16纸印刷；如果将勒口设计为40mm，就可用787mm×1092mm的1/8纸印刷。这两者的印刷费、纸张费及压膜费相差4000元左右。由此可见，设计人员要对纸张的规格、开数有所了解，在封面设计时尽量考虑降低图书成本，避免经济损失。

图3–34　书籍构成的元素示意图

（3）版式设计

版面是指在书刊和报刊的一面中，图文部分和空白部分的总称。版面是由版心、天头、地脚、切口、订口五个部分组成。

有关版心的基本知识是任何一个排版人员都应掌握的最基本的常识。在实际的应用中，版心的尺寸往往要受到成品尺寸的制约。不同标准的开本对应各自标准的版心尺寸，但在同一开本中，由于版口空白部分的大小不同或装订方式不同，版心尺寸往往有一些微小的变动（图3–35至图3–40）。

图3-35　版式样稿1

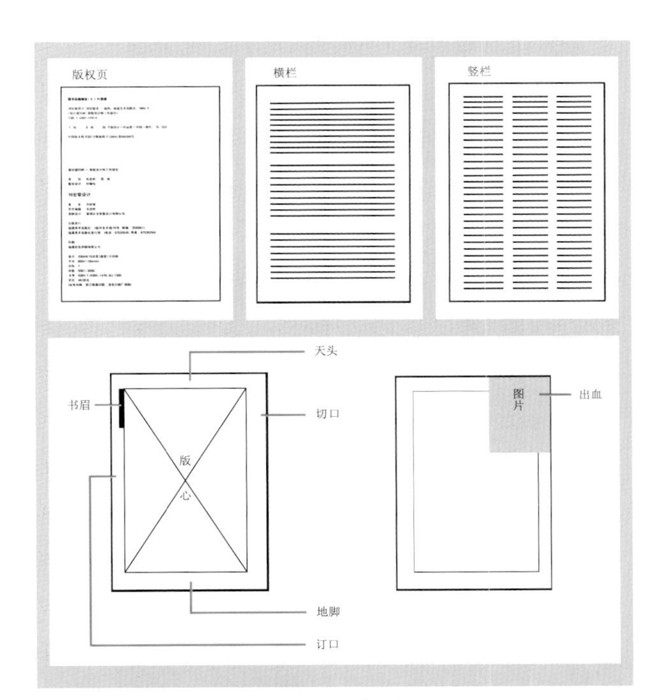

图3-36　版面构成示意图

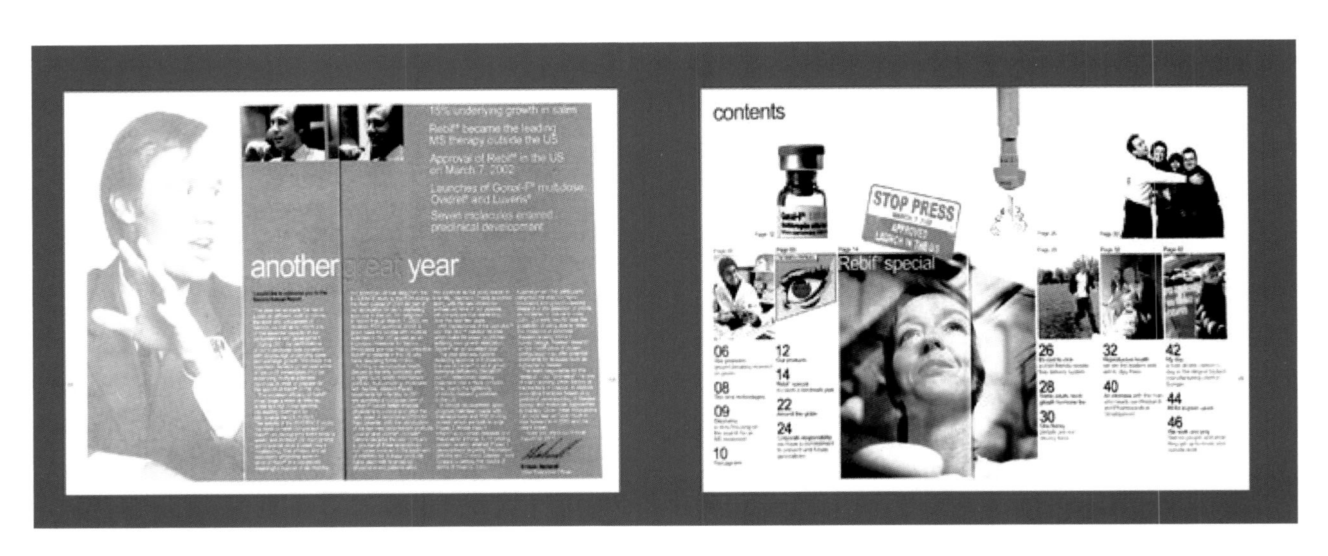

图3-37　版式样稿2

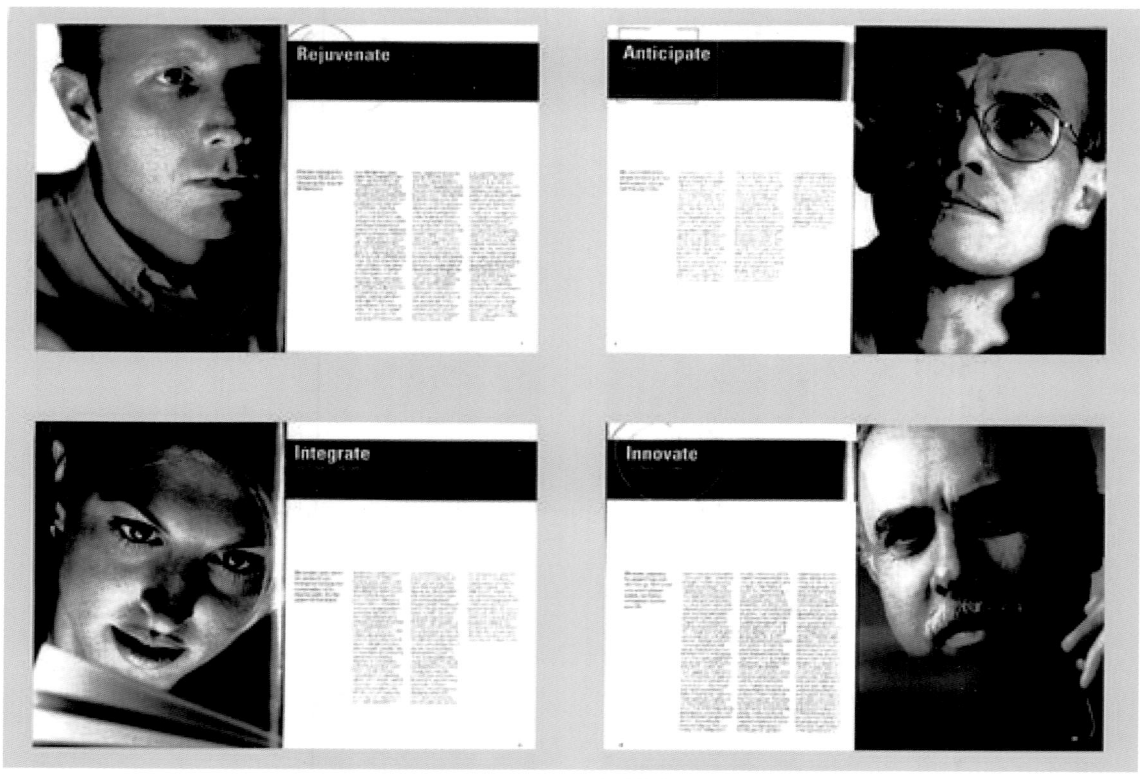

图3-38　版式样稿3

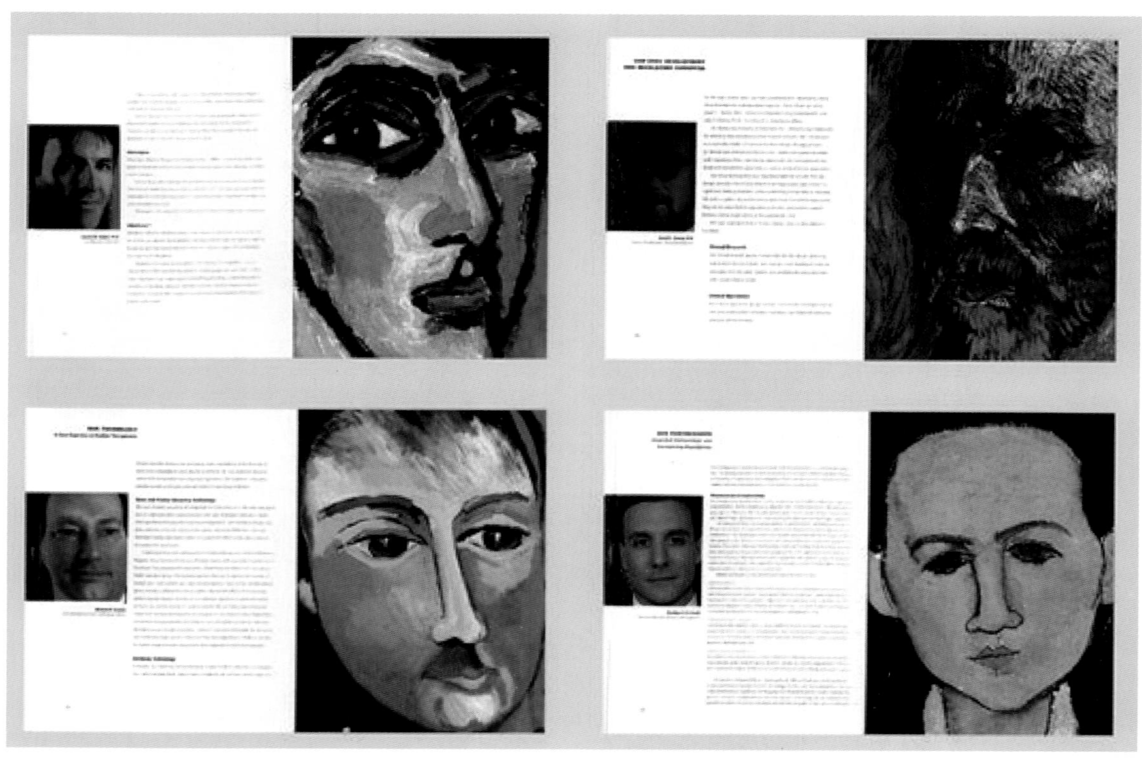

图3-39　版式样稿4

图3-40　版式样稿5

2. 折页设计规范

单位和公司向社会、市场发布的广告信息中项目宣传、产品推广等在宣传折页上应用广泛，而折页设计丰富多样，无论在二维还是三维的创意设计上都极具魅力，情趣无限，能给人带来无穷遐想。纸张不仅在平面上展开创意联想实施，且能设计变化成三维形态展示的效果。折页设计因此分为两个方面，平面折页设计与立体形态折页设计。

（1）平面折页设计

所谓平面折页设计即在二维纸张平面的基础上所形成的创意设计。它可设计成多个展示面表达信息，设计上应考虑主次面的秩序与层次，设计所展示的每个面必须让读者清晰顺序，展开可以全面展示信息，折好可以局部阅览并携带方便，充分呈现人性化的设计理念（图3-41至图3-53）。

（2）立体形态折页设计

所谓立体形态折页设计即在二维纸张平面的基础上经过折叠所形成的立体形态创意设计。它可设计成多种形态来展示表达信息，设计上与二维平面折页设计一样应考虑主次面的秩序与层次，设计所展示的形态可以立体呈现。 更具观赏性，给人以异样、新奇的感觉，折好便于携带，充分体现立体形态给人带来的精巧设计理念（图3-54、图3-55）。

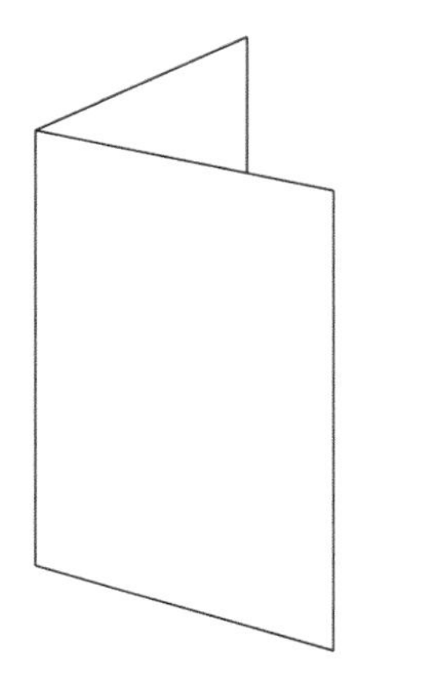

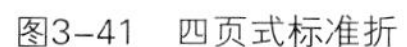
图3-41　四页式标准折

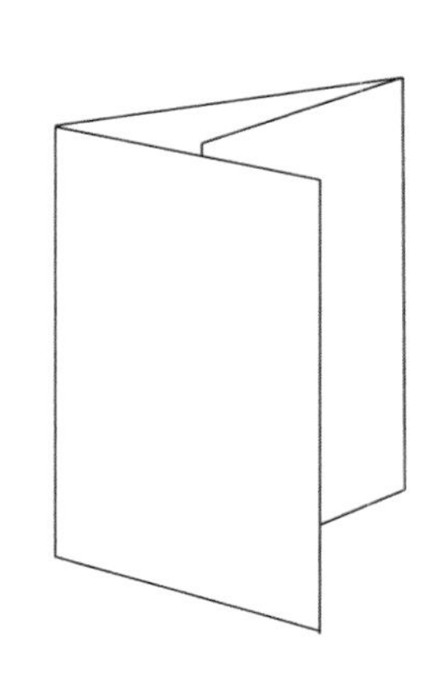

图3-42　六页式螺旋折

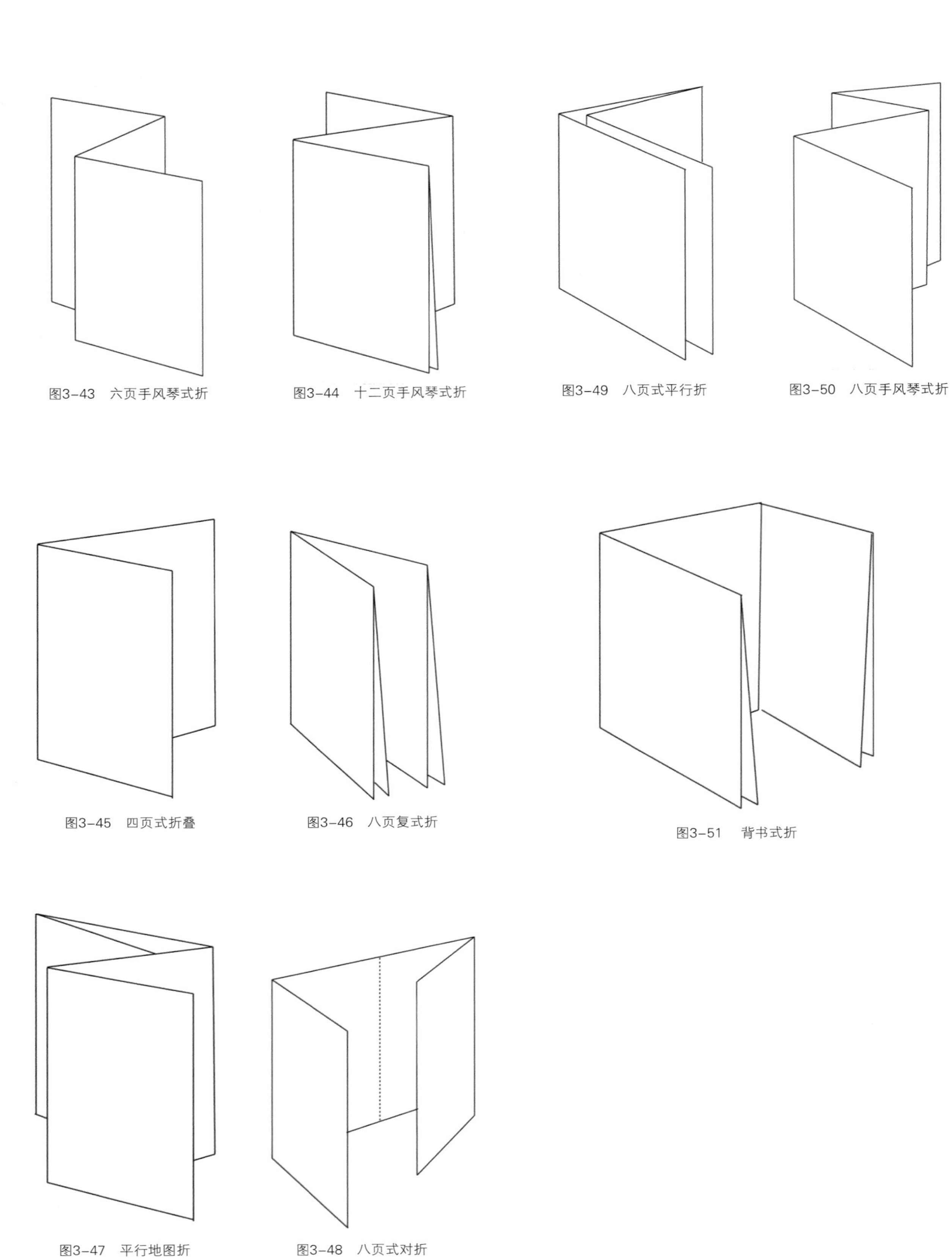

图3-43　六页手风琴式折

图3-44　十二页手风琴式折

图3-49　八页式平行折

图3-50　八页手风琴式折

图3-45　四页式折叠

图3-46　八页复式折

图3-51　背书式折

图3-47　平行地图折

图3-48　八页式对折

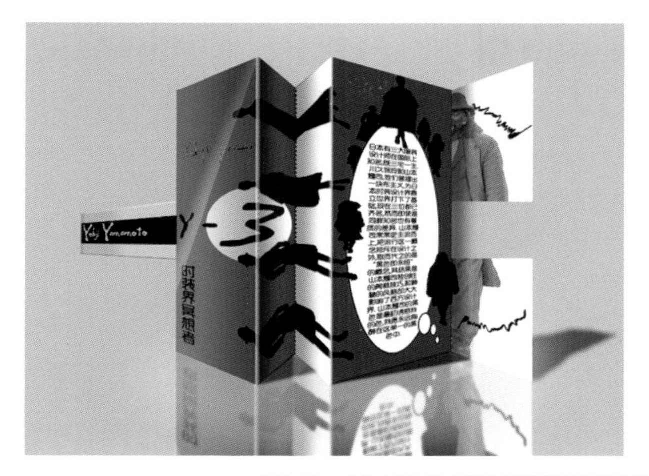

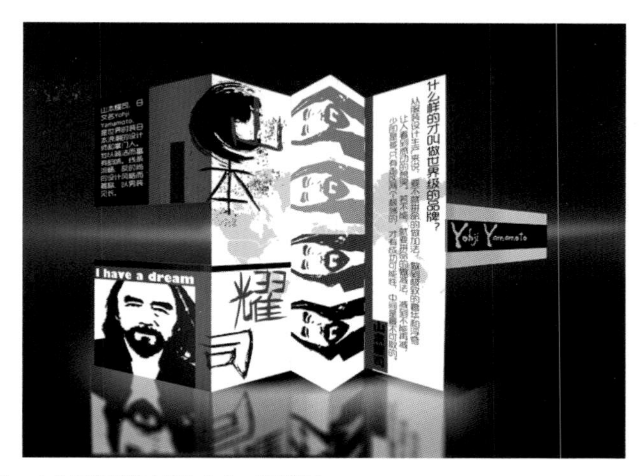

图3-52 “山本耀司”服装品牌宣传平面折页设计 内外页色彩稿（学生作品：应晓蕾）

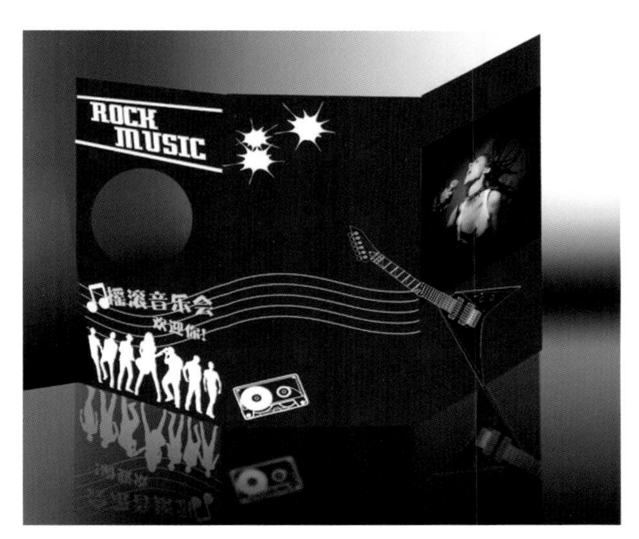

图3-53 “摇滚音乐会”平面折页设计 内外页色彩稿（学生作品：徐晓璐）

图3-54 立体折页设计1

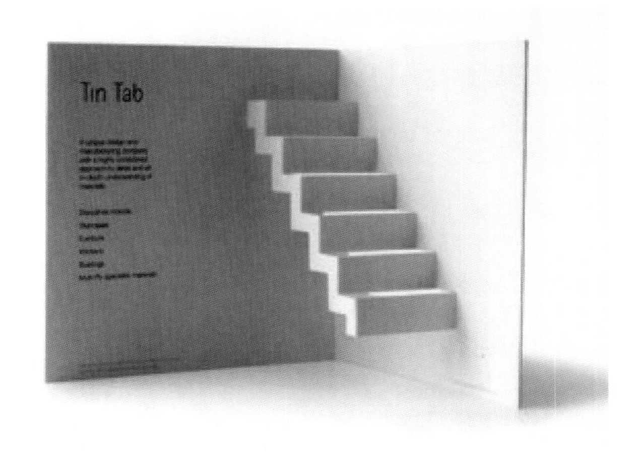

图3-55 立体折页设计2

3. 包装物设计规范

包装设计在印前所要掌握的技术要求主要有以下几点。

（1）纸盒结构设计

在设计前，对包装结构需进行预设计，并依据模切稿的形式进行裁切，考证纸盒（包装物）成型的数据和依据，然后进行创意设计，这是保证完稿设计质量的好方法（图3-56至图3-65）。

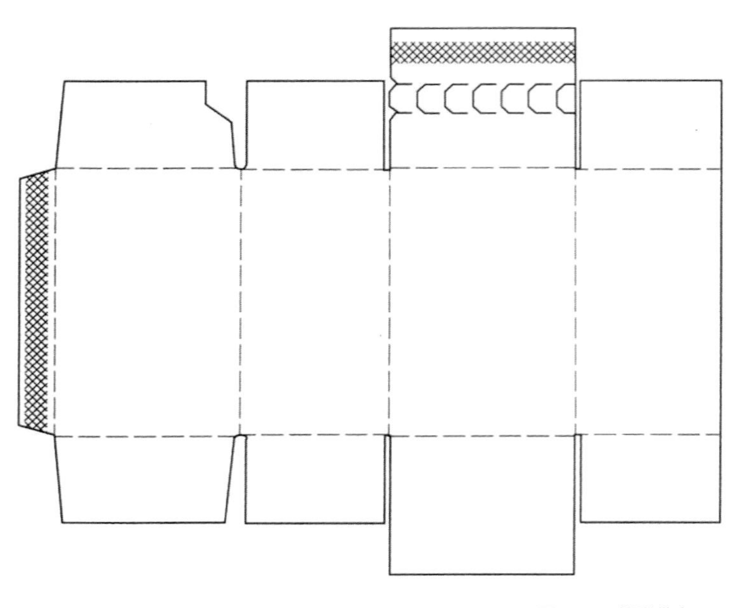

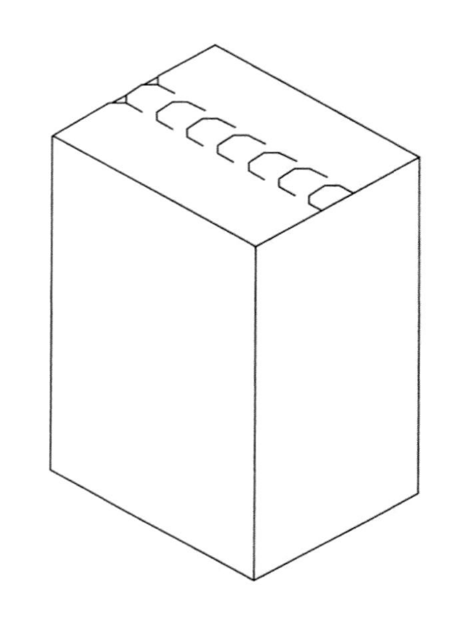

图3-56　撕裂带盒

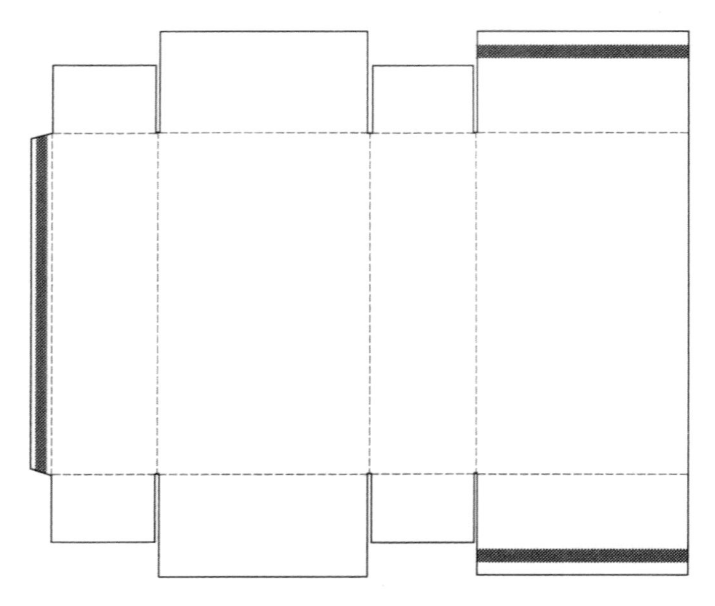

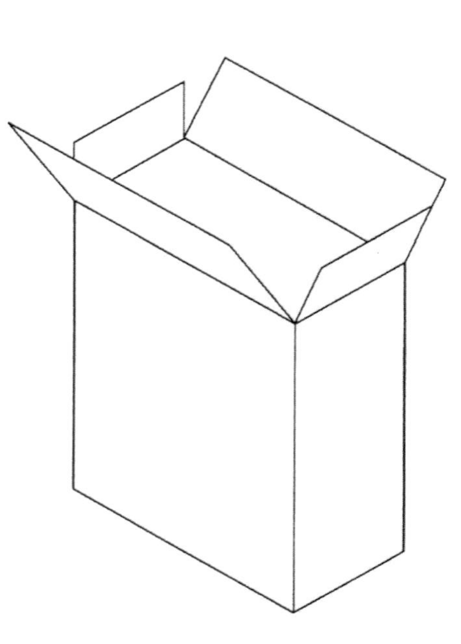

图3-57　粘接封口纸盒

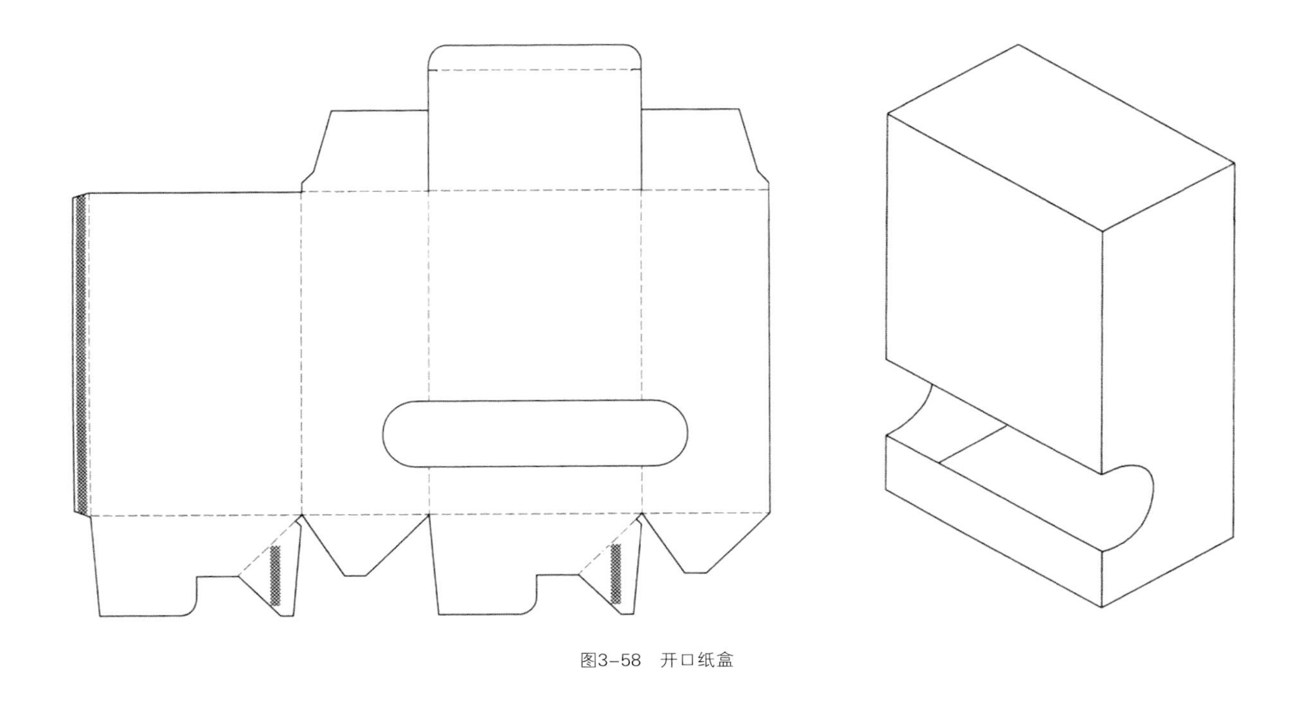

图3-58 开口纸盒

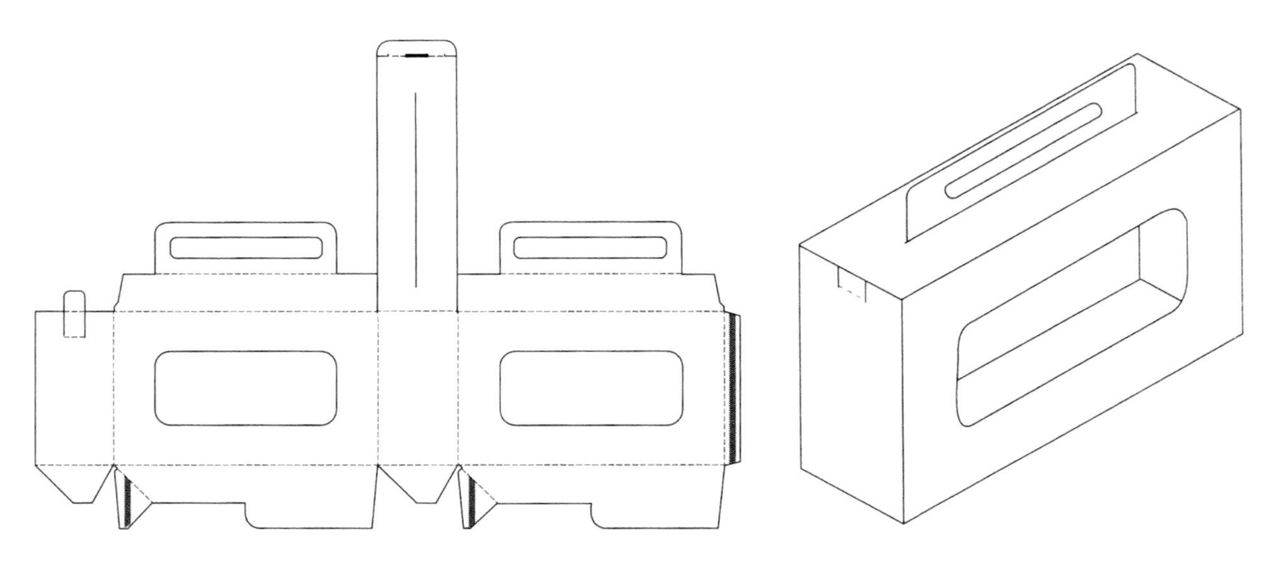

图3-59 提手纸盒

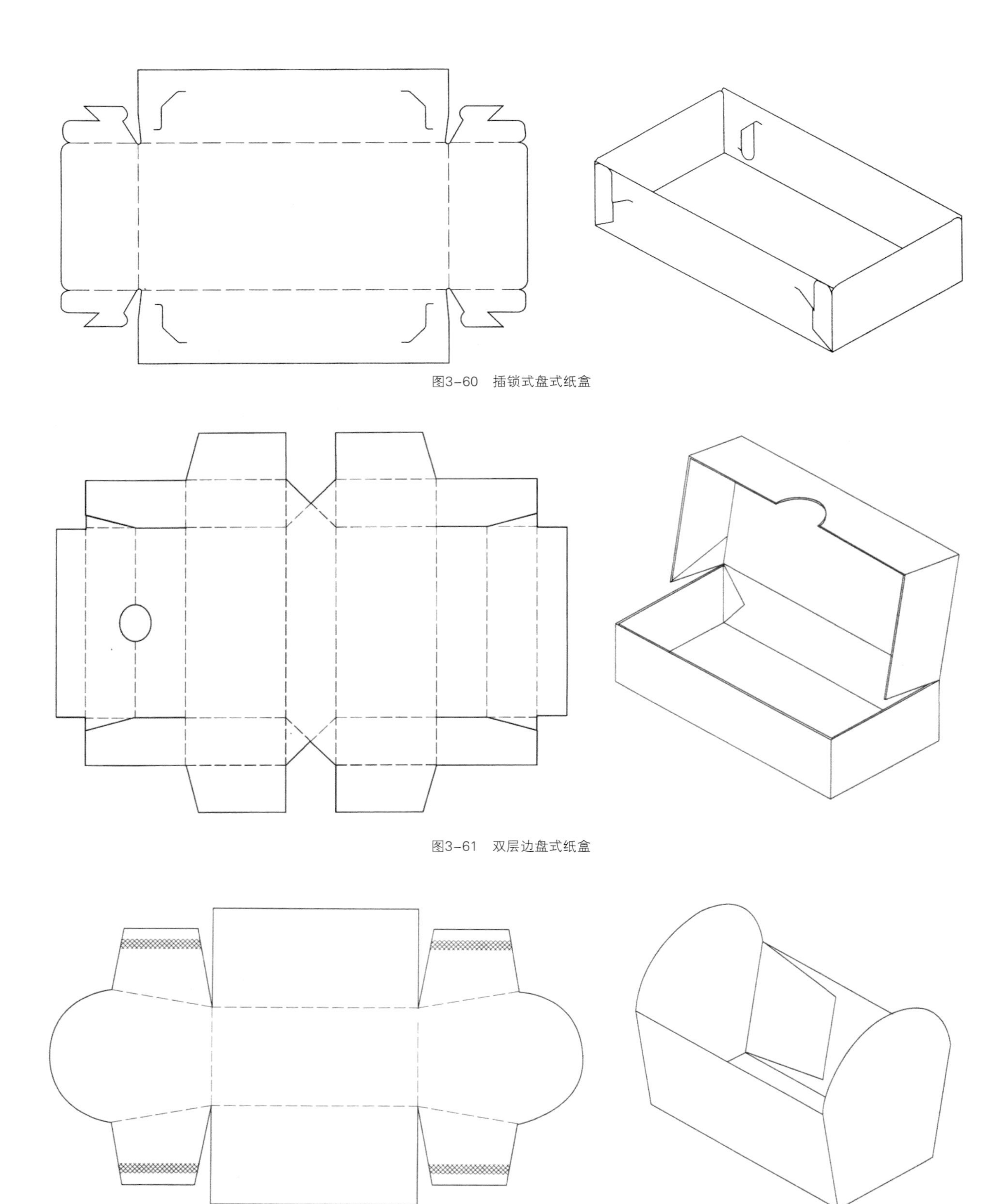

图3-60　插锁式盘式纸盒

图3-61　双层边盘式纸盒

图3-62　敞口纸盒

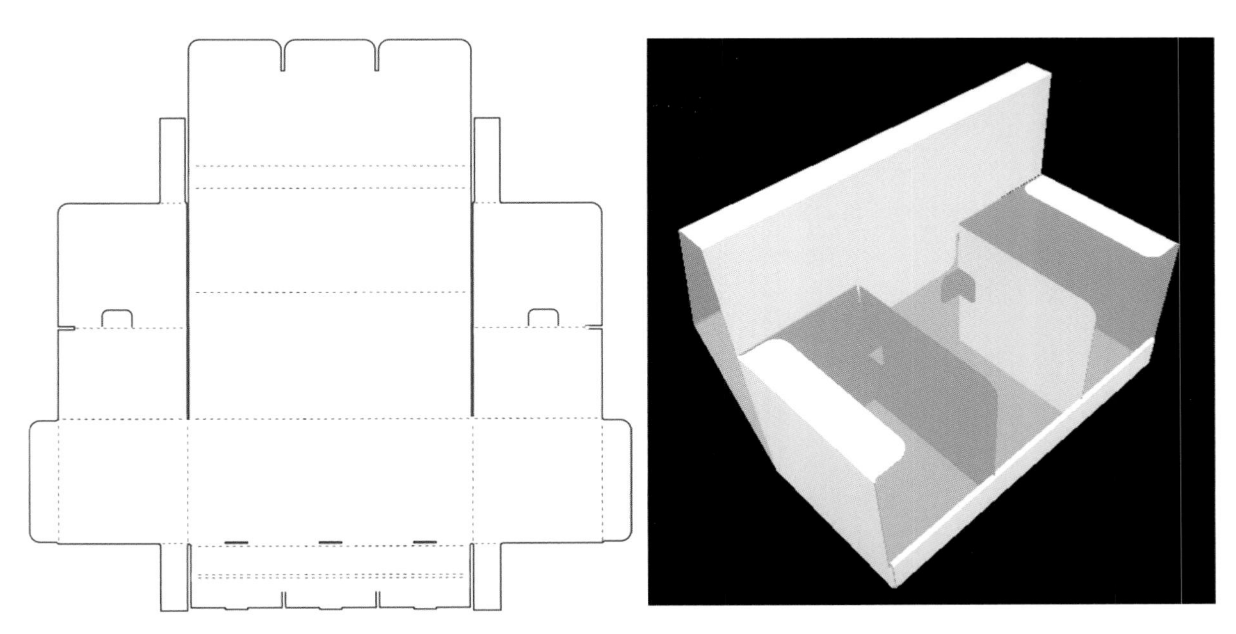

图3-63　间壁封底式纸盒

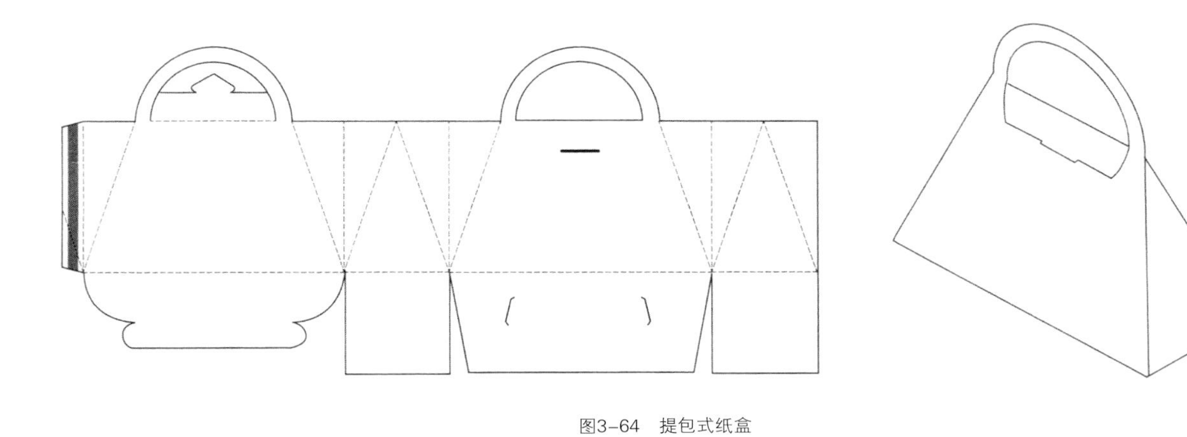

图3-64　提包式纸盒

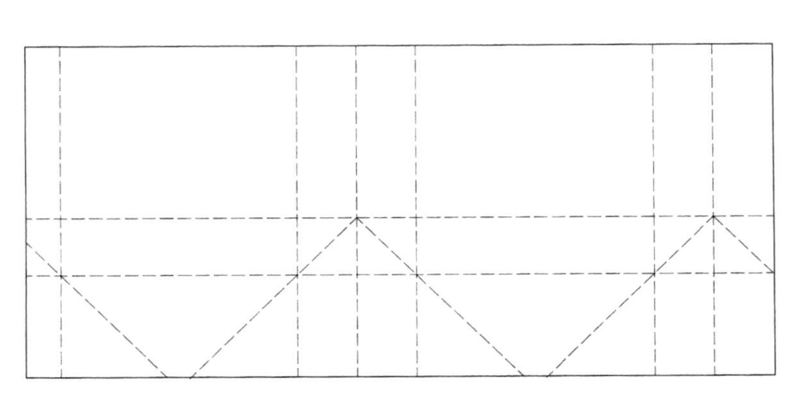

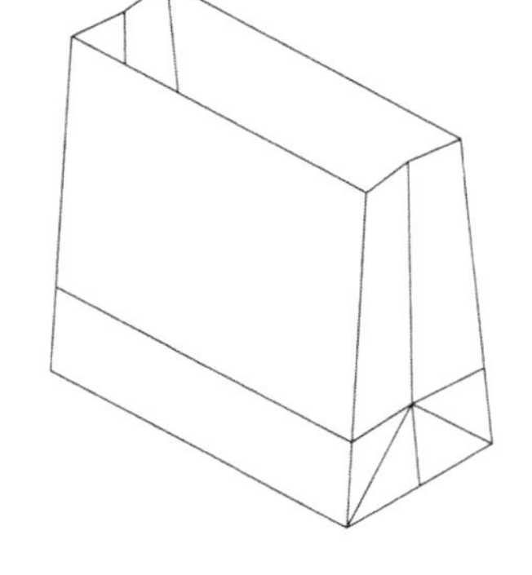

图3-65　散装商品包装袋

（2）专色稿

因产品品牌的要求，许多包装设计大量使用专色（需单独出胶片），借以达到传递品牌视觉形象的目的。专色是指非四色印刷色谱的颜色。金、银均属专色范围，印刷成本要比四色印刷高1～2倍。所以，适当控制专色的运用，可降低印刷成本。

（3）图片与文字

图片经图像软件加工后，置入矢量软件中进行文字的排列与制作。文字完成排列输入后须转成图形，即转曲线，只需在“文字”菜单中点击“创建轮廓”即可。

（4）出血线、实线与虚线

由于印刷印制的过程须预留边缘空白，所以必须标出血线的位置（出血线为3mm），以备印后裁切。实线是指裁切线，虚线是指折线（表3-4）。

表3-4 裁切、开槽、折叠的绘图符号与计算机代码对照表

序号	名称	绘图线型	计算机代码	功能	模切刀型	应用范围
1	单实线		CL	轮廓线	模切刀 模切尖齿刀	纸箱（盒） 立体轮廓可视线
				裁切线		纸箱（盒） 坯切断
2	双实线		SC	开槽线	开槽刀	区域开槽切断
3	波纹线		SE	软边裁切线	波纹刀	① 盒盖插入襟片边缘波纹切断 ② 盒盖装饰波纹切断
				瓦楞纸板剖面线		瓦楞纸板纵切剖面
4	单虚线		CI	内折压痕线	压痕刀	① 大区域内折压痕 ② 小区域内对折压痕
5	点划线		CO	外折压痕线	压痕刀	① 大区域外折压痕 ② 小区域外对折压痕
6	三点点划线		SI	内折切痕线	模切压痕组合刀	大区域内折间歇切断压痕
7	两点两划线		SO	外折切痕线	模切压痕组合刀	大区域外折间歇切断压痕
8	双虚线		DS	对折切痕线	压痕刀	大区域对折压痕
9	点虚线		PL	打孔线	针齿刀	方便开启结构
10	波浪线		TP	撕裂打孔线	拉链刀	方便开启结构
11	——	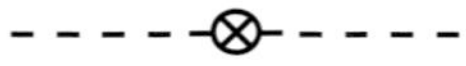	——	作业压痕线	压痕刀	压痕作业线
12	——		——	作业切痕线	切痕刀	预成型类纸盒（箱）作业切痕线
13	——		——	印刷面半切线	精密半切刀	① 印刷面半切作业线 ② > 90° 折叠线 ③ 弧形折叠线
14	——		——	撕裂切孔线	模切组合刀	方便开启结构

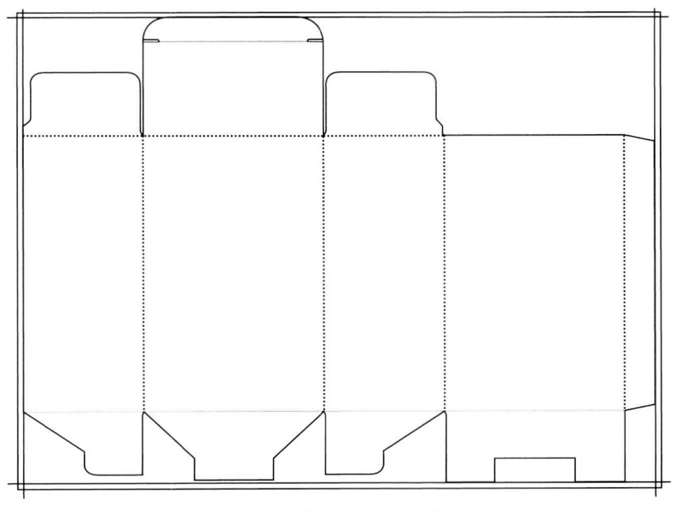

图3-66 模切稿（单独出片）

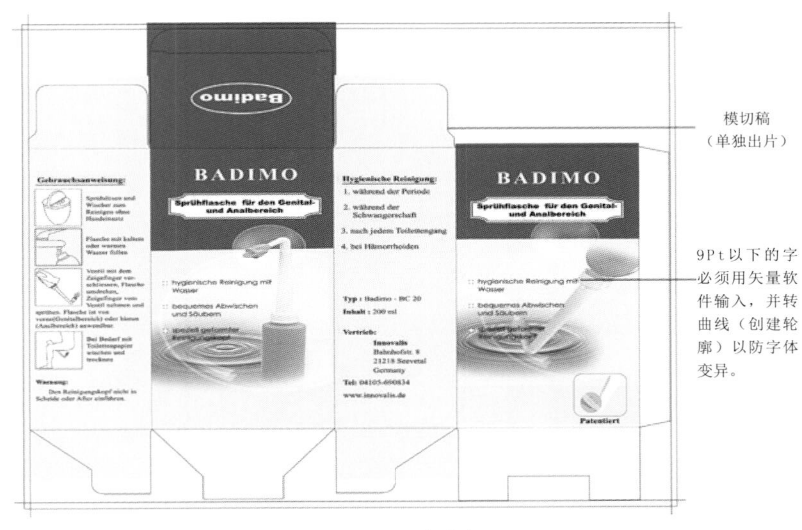

图3-67 色彩稿

（5）模切稿

包装设计工艺复杂，因此创意设计前必须绘制模切稿，并单独出片作为裁切依据（图3-66、图3-67）。

思考题

1. 印刷纸张有哪两种基本的尺寸，什么是正度纸、大度纸?

2. 书籍有哪几种装订形式?

3. 拼版方式分为几种?

4. 为什么印刷前要打样?

5. 书籍构成元素有哪些?

6. 折页设计有哪两种?

7. 为什么包装要有模切?

第四章

印刷与印后工艺

第一节　印刷工艺

当客户对印刷打样认可后，接下来就进入了正式的印刷阶段。印刷的任务是将印版上的图文通过印刷机转移到承印物上，从而完成对原稿的大量复制。印刷的种类、工艺和方式繁多，但在各种印刷方式中，平版印刷仍占主导地位，也是在日常印刷设计业务中接触和应用最多的印刷方式。

1. 平版印刷工艺流程

平版印刷机是利用油水不相溶的原理进行印刷，因此平版印刷机除有供墨装置外，还有给水装置。在印刷过程中一定要使油、水达到平衡，才能印刷出好的产品。平版印刷机有圆压平型和圆压圆型两类。圆压平型印刷机一般采用直接印刷方式，比如打样机一般都是圆压平型。圆压圆型印刷机一般采用间接印刷方式，即通过一个中间体——橡皮滚筒转印而获得印刷图文。现在的平版印刷大都采用间接印刷，所以人们一般也习惯将平版印刷机称为胶印机。但无论是哪种印刷机，都要求做到套印准确、墨色匀实、操作方便、安全可靠、经久耐用、速度快捷和成本低廉。平版胶印产品具有色调丰富多彩，能将原稿特征完整地还原到印刷品上等特点，而且成本低、速度快、使用范围广。平面印刷广告设计的产品基本上都能在胶印机上完成。

平版印刷机的机型有很多，可以从以下三个角度对它进行分类。

按印刷色数分，有单色机、双色机、四色机、六色机、八色机等。

按承印幅面分，有双全开机、全开机、对开机、四开机等。

按用纸形状分，有单张纸机、卷筒纸机。

（1）印刷机结构

有的印刷机还备有干燥装置和折页装置。但无论是哪一种印刷机，都是由供纸机构、印刷机构、供墨机构、供水机构和收纸机构五大部分组成的（图4–1）。

① 供纸机构——供纸机构又称收纸机构。单张平版胶印机的供纸机构由供纸（台）板、供纸检测器、供纸传动机构、供纸堆快速升降与自动升纸机构和气动机构等组成。高速供纸机每分钟能供纸近200张。卷筒纸印刷机的供纸机构由于印刷速度快、产量大，适用于双面印刷。它的供纸装置是将纸带供出，经传纸辊送入印刷装置。

② 印刷机构——印刷机构由印刷滚筒、橡皮滚筒、压印滚筒、离合压机构和调压机构（中心矩调节机构）等部件组成。为了适应高速、多色、优质的印刷需要，滚筒筒体具有足够的刚度，印刷滚筒与橡皮滚筒均需做严格的动、静平衡校验。

③ 供墨机构——供墨机构由供墨机构、匀墨机构和着墨机构组成。供墨机构由墨斗座、墨斗辊、摆动传墨辊、墨斗刀片和墨斗调节螺丝组成。匀墨机构由多根串墨辊、匀墨辊、压辊等部件组成。着墨机构由着墨辊（一般为四根）及着墨起落机构组成。

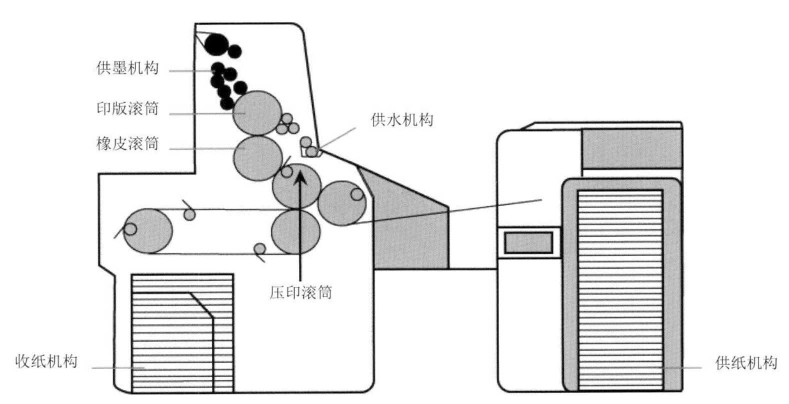

图4-1 平版印刷机结构示意图

为了使印刷过程中临时停机前后的印迹墨层深浅变化极小（即水墨平衡波动尽可能小），不少现代化的平版胶印机能根据离压和合压等情况，自动调节其水路和墨路的走向与组合形式。

④ 供水机构——在平版印刷中，版面保持适当的水分是非常重要的。胶印机的输水部分由水斗、水斗辊、传水辊、串水辊、着水辊等部件组成。水斗辊、串水辊用金属材料制成，大多镀铬，传水辊和着水辊包以水胶绒。在胶印中，给水的微量调节是非常困难的技术，因此高速多色印刷机和胶印轮转机采用了新的装置。一种是毛刷辊式给水装置，一种是达格仑给水装置。它们通过改进给水方式调节给水量的大小，使水墨平衡快，稳定性得以提高，清洗更为方便。

⑤ 收纸机构——单张纸收纸机构有三种方式。一是翻纸拍式收纸装置，一般用于手工输纸的简单印刷机上，速度较慢；二是链条式收纸装置，在低速印刷机上使用较多；三是自动收纸装置，这是现在使用最多的方式，在高速印刷时，收纸堆能自动下降，在收纸台上还有自动理纸装置。

卷筒纸收纸机构由印纸传送装置、折页装置、收纸装置等组成。卷筒纸在印刷后，需要复卷时有复卷装置，用卷筒纸芯在纸辊上利用摩擦绕卷，一般印好的纸带进入折页装置进行加工。

（2）印刷工艺过程

平版印刷工艺流程包括印前准备、安装印版、试印、正式印刷。

① 印前准备——印刷前的准备工作主要是根据印刷工单了解工艺要求，包括印刷品的开本、印数、印刷用纸规格、数量、加放数、折页、配页、订书方式，规定的天头、地脚、订口、切口的尺寸，使用的油墨及墨色标准等。

平版印刷的工艺复杂，虽然现在胶印机的自动化和电子化程度越来越高，但在印刷前仍要做好充分的准备工作。具体的印前准备工作包括印刷机的检查、印版的检查、纸张的处理、油墨的调配、润湿液的调配、印刷色序的确定、印刷机的调节等。

② 安装印版——按照印版的定位要求和色序位置，将印版连同印版下的衬垫材料用版夹和螺丝安装并固定在印版滚筒上，称为上版。为保证上版位置的准确，上版前应准确画好上版定位线，作为印版定位的依据。

③ 试印——印刷前的准备工作做好后，就可以进行试印刷。在由试印刷进入正式印刷的过程中，输纸部分、水墨部分尚未完全处于平衡状态，所以试印刷工作主要有：检查印刷机给纸、走纸、收纸的情况，保证纸张传输顺畅、定位准确；校正压力，调整印版滚筒、橡皮滚筒、压印滚筒之间的关系，使压力均匀；调好油墨、润湿液的供给量，使墨色鲜艳；核对版样是否符合原稿要求，对规格尺寸做最后检查；印出开印样张，审查合格后即可正式进行大量印刷。

④ 正式印刷——正式印刷是在装版和试印刷完成之后进行的，是由压印滚筒对纸张和印版施加压力，将印版上的油墨转印到纸张上的工艺过程。

在印刷机快速运转过程中，印刷技师要随时抽取印样，检查产品质量。检查内容主要包括套印是否准确（误差不得超过0.1mm），字迹、图文是否清楚，墨色是否符合样张，网点是否发虚，文字线条是否光洁、完整，空白部分是否洁净等。同时还要密切注意印版、墨辊、油墨、给水、纸张及机械的各种变化，发现问题及时处理。

在胶印过程中，保证印刷质量的关键是供水装置始终以最低量的润版药水提供稳定的水分，控制墨斗的供墨量。现在，计算机自动控制系统已经被成功地应用到这一领域，如德国海德堡印刷机的CQC自动控制系统，罗兰印刷机的CCI自动控制系统，日本小森印刷机的PQC自动控制系统，都能根据印版上图文的密度，通过计算机计算来控制墨斗的输墨量，并能在控制台上用电钮遥控图形的套准及输墨，大大提高印刷品的质量，减轻了印刷技工的劳动强度。

2. 印刷与载体类别的关系

不同载体必须适用不同的印刷形式，才能达到最好的印刷效果。选择何种印刷方法最为合适，要依据载体原稿的类别、印刷的条件、承印物材料的性质以及对印刷品的质量要求等来决定。

按印刷版的版面结构来划分，压力印刷适用载体类别有以下四个方面。

① 凸版印刷有活字版、铅版、铜锌版、塑料版、尼龙版、橡皮版、感光树脂版、柔性版等。其中感光树脂凸版印刷技术发展迅速，在凸版印刷中占主导地位。由于凸版印刷是直接印刷，压力重，所以凸版印刷产品具有轮廓清晰、笔触有力、墨色鲜艳的特点。

适合凸版印刷的产品主要有书刊、封面、商标、包装装潢材料等。

② 平版印刷有珂罗版、石版、蛋白版、多层金属版、平凹版、PS版等，并适合大批量印刷生产。现在平版印刷已成为彩色印刷中使用最多的印刷方式，书刊总量的82%都是采用平版印刷。

适合平版印刷的产品有书籍、精美画报、广告宣传品、挂历、招贴画、报刊等。

③ 凹版印刷的产品线条分明，层次丰富，精细美观，色泽经久不衰，且不易伪造，因此一般用来印刷纸币、有价证券、精美画册、塑料薄膜、软包装、纸制品等。但由于它制版费用高，一般很少在广告宣传品印刷中使用。

④ 孔版印刷的加工方式是先把油墨堆积在印版的一侧，然后利用刮板或压辊边移动边刮压或滚压，使油墨透过印版的孔洞或网眼漏印到承印物表面。适合孔版印刷的主要产品有线路板、集成电路板、包装装潢材料、版画、纺织品、办公用品、广告宣传品等。

3. 印刷辅助材料应用工艺

金、银墨印刷通常称为印金和印银。金、银墨印刷是常规设计印刷中常常运用到的一种印刷工艺，以其富丽堂皇、高贵典雅的艺术效果得到许多设计师、客户以及消费者的喜爱。过去人们一般把金、银墨印刷归入特种印刷范围，但现在这种印刷越来越多地应用在普通印刷中。由于其使用的设备和印刷工艺与平版印刷相同，我们不妨把它当作一个独立的印刷色来理解。

金、银墨是用金粉或银粉调制而成的印刷油墨。金粉是由铜、锌和少量的铝等合金制成的粉末，是用机械研磨而成，呈鳞片状。因含锌量的不同，金粉会呈现不同的色泽：含锌量在10%左右时色偏红，称为红光金粉；含锌量在25%左右时色偏青，称为青光金粉；含锌量介于两者之间的称青红光粉。金粉对光的反射能力强，使印刷品具有高光泽度。但金粉的化学性质不稳定，遇到酸、碱、硫化物时会发生化学变化，金墨会变暗、变黑。

银粉即铝粉，是采用球磨机粉碎铝箔制得的粉末。银粉粒径2～10μm。一般粒径大，光泽强。银粉遮盖力强，化学性能稳定，抗光性也强，基本不受气候影响，耐久性强。但银粉的比重较小，易在空气中飞扬，遇到火星会爆炸，遇酸也会令光泽度下降。

金粉和银粉需用特制的调墨油调和，一般在印刷前现调现用。调墨油的连接料是用特种合成树脂、干性植物油及多种有机溶剂经高温精炼而成。

为了保证金、银墨印刷图文能呈现出优越的金属光泽，采用金、银墨印刷工艺时必须注意以下几点。

金、银墨尽可能放在最后一色。如果必须在金、银色墨上再印其他色墨，则必须防止叠印不上，一般情况下不要进行三次叠印。

要使金、银墨印刷得到较好的光泽，用良好的底色墨层做基础是必不可少的。一般在深颜色的底色上叠印金、银色，金属光泽性较好，同时，先印的底色墨能够填塞纸张表面的毛细孔，降低纸张的吸墨性能，使金、银墨能在纸张表面显现出应有的金属光泽。通过印底色，在底色未完全干燥时即印上金、银色墨，可以使金银墨吸附得更牢固。如果不印底色墨，要用金、银墨印刷两次。

当实地和线条文字同时印刷时，由于在同一印版上，实地与线条对印刷压力和墨量大小的要求不一致，两者往往难以兼顾。因此，除了在设计制版时进行妥善处理外，还可以采取分别制版、分别印刷的方式。比如，在金、银色上印刷图文时，一般将印刷金、银墨的印版图文部位设计为空白后再进行套印。

由于金、银色的颜料颗粒比一般油墨粗，转移性和传递性较差，易发生糊版和粘脏现象，所以，需用金、银色印刷的线条和文字，其线条和笔道不能过小。

采用金、银色墨印刷的纸张要求表面平整光滑，吸油性不能过强，一般宜选用玻璃卡纸或铜版纸。在银色铝箔纸上印透明黄墨，或在金色铝箔纸上印稍有颜色的冲淡剂等，都能达到印金的效果。塑料薄膜在印前要经过表面处理，由于塑料薄膜的特性，用于塑料薄膜印刷的金、银墨与用于纸张印刷的金、银墨的材料是不相同的。

第二节 印后工艺

印后加工，是印刷以后为了满足使用要求和提高外观质量而对印刷品所进行的加工工艺的总称。

表面加工就是在对已完成图文印刷的印刷品表面所进行的再加工技术。目的是提高印刷品表面的耐光、耐水、耐热、耐折、耐磨性能，增加印刷品的光泽度，起到美化和保护印刷品的作用，同时也能提高印刷品的价值和档次。

1. 上光与压光工艺

上光是在印刷品表面涂（或喷、印）上一层无色透明的涂料（上光油），经流平、干燥、压光后，在印刷品表面形成一层薄而均匀的透明光亮层的工艺，是在印刷以后对印件进行加工之前所采取的适当措施。上光包括全面上光、局部上光、光泽型上光、哑光上光和特殊涂料上光等。目的是为了美化、保护、加强印刷品的宣传效果和提高印刷品的使用价值。上光后的印刷品表面显得更加光滑，油墨层更加光亮鲜活。其应用范围有：书籍装帧，如护封、封面、插页以及年历、月历、广告、宣传样本等；包装装潢纸品，如纸袋、封套、商标等，上光后能起到美化和保护商品的作用；文化用品，如扑克牌、明信片及印金图案等，上光后能起到抗机械摩擦和防化学腐蚀的作用；日用品、食品等方面，如卷烟、食品、洗涤剂等商品的商标，上光后可以起到防潮、防霉的作用；压铜箔的硬封面，上光后因亮度提高很像金色，可使外观得到美化。如果铜少且与基料结合不牢，那么上光后可以获得良好的附着性能。

上光油的类型有以下几种。

① 挥发性上光油，上光油多数由天然树脂制成，能溶于乙醇，称为挥发性上光油。这类上光油成本低，缺点是光泽保持时间不长，耐磨性也较差。

② 涂层防护上光油，这是一种由硝化纤维混合而成的上光油。纸板若采用这类上光油，则具有良好的耐磨性及耐热性，缺点是形成的亮光膜光泽较差。

③ 流延上光油，这也是一种由硝化纤维混合而成的上光油。为了得到良好的光泽，需要增加一道辅助工序——压光。

④ 热胶合上光油，这是一种溶于快速挥发性溶剂里的特种上光油。适用于皮货包装及漆器包装。

⑤ 浸渍上光油，这是一种特种上光油，主要涂布在包装材料的背面，以提高包装（尤其是防水包

装）填料的稳定性。

无论是哪类上光油，除应具备无色、无味、光泽感强、干燥迅速、耐化学药品等特性外，还应具备以下特性：膜层透明度高，不变色，日晒或时间长不泛黄；膜层具有一定耐磨性、柔弹性，能与承印物的柔韧性相适应而不致干裂、破损脱落；膜层耐环境性好，不能因环境中的弱酸、弱碱等化学物质的接触而改变性能，与印刷品表面之间有一定的黏合性；流平性好，膜面平滑。

印刷品的上光工艺过程一般包括上光油的涂布和压光两个部分。上光油的涂布经常采用的方法有以下几种。

① 喷刷涂布。喷刷涂布分为喷雾上光涂布和涂刷上光涂布两种方法。两者均为手工操作，速度慢，涂布质量差，但操作灵活、方便，适用于表面粗糙或凹凸不平的印刷品及各类异形印刷品，如瓦楞纸，包装异形纸盒等。

② 印刷涂布。通常是将印刷设备进行改造后用作上光油的涂布。上光涂布时，只需在原印刷墨斗中贮存上光油，经输墨系统传递至印版（印版采用实地版），根据印刷品的不同要求印刷一次或数次。印刷涂布上光油一般使用干燥性能良好的溶剂型上光油。

③ 专用上光涂布机涂布。这是目前应用最普遍的方法，上光涂布机适应各种类型上光油的涂布加工，可实现涂布量的准确控制，涂布质量稳定、可靠，适用于各种档次的印刷品。

印刷品涂布上光后，仅靠上光油自然流平、干燥，是不能获得令人满意的效果的，所以要将其输入压光机进行压光，以提高上光后印刷的光泽度。

2. 覆膜

覆膜（图4-2）就是将塑料薄膜涂上黏合剂，经橡皮滚筒和加热滚筒加压后，将其与以纸为承印物的印刷品黏合在一起，形成纸塑合一的产品。不论采用哪种类型和体系，薄膜都必须符合下列基本要求。

① 厚度适中。薄膜的厚度直接关系到透光度、折光度、覆膜牢度、机械强度等。根据薄膜自身性能和使用目的，薄膜厚度在0.01～0.02mm之间比较合适。国内生产的覆膜用薄膜厚度为0.02mm，进口的为0.01mm 。用于覆膜的薄膜须经过电晕或其他方法处理，使表面张力达到一定韧性度，以便有较好的润湿性和黏合性。为了保证被覆膜的印刷品具有最佳清晰度，薄膜的透明度越高越好。用于覆膜的薄膜应具有良好的耐光性。

② 几何尺寸稳定。如果塑料薄膜的几何尺寸不稳定，伸缩率过大，不但在覆膜操作时会出现麻烦，而且还会使产品产生皱纹、卷曲等严重质量问题。几何尺寸稳定，表明吸湿膨胀系数、热膨胀系数、热变形系数、抗寒性等技术指标也比较稳定。

③ 化学稳定性。塑料薄膜在工艺操作中要和一些溶剂、黏合剂以及印刷品的油墨层接触，因此要求它必须不受化学物质的影响，具有一定的化学稳定性。膜面应平整，无凹凸不平及皱纹，无气泡、针孔及麻点，无灰尘、无杂质、无油斑等污物，厚薄均匀，成本低廉。

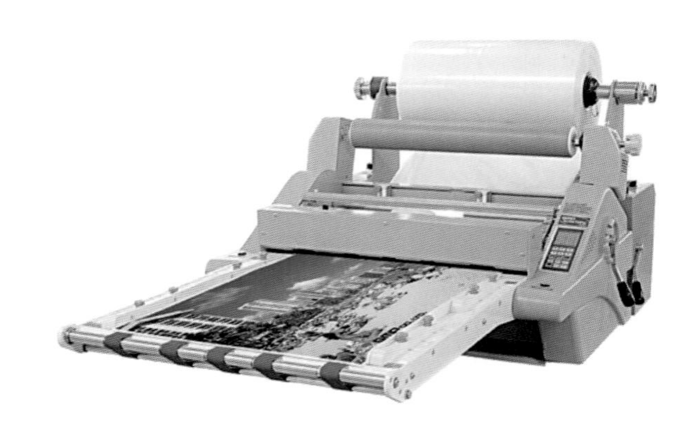

图4-2 覆膜机

3. 压凹凸、模切压痕

（1）凹凸印

凹凸压印是用两块印版把印刷品压印出浮雕状图像的加工方法，又称“轧凹凸”。它的工艺原理是在已印有图文或没有图文的承印物上，不用油墨，只利用凹凸两块印版，把印刷品印出浮雕状图像的加工过程。压印出的各种凸状图文具有明显的浮雕感，增加了印刷品的立体效果（图4-3至图4-5）。

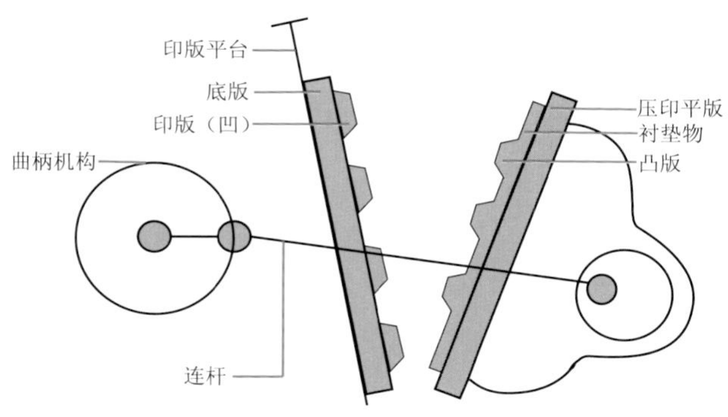

图4-3　凹凸印结构示意图

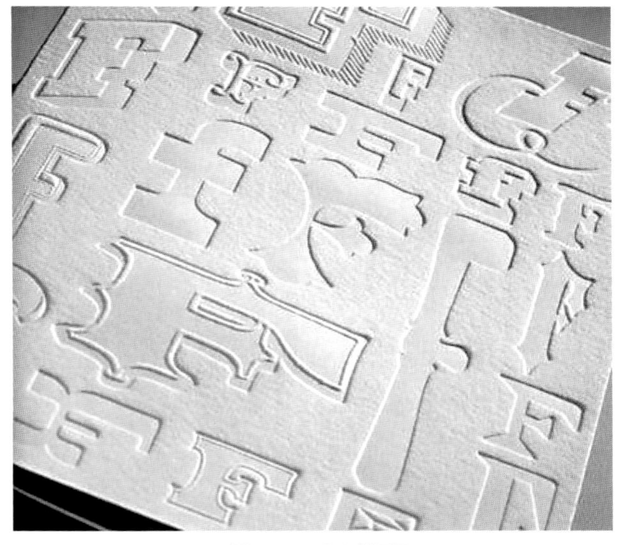

图4-4　凹凸印效果图1

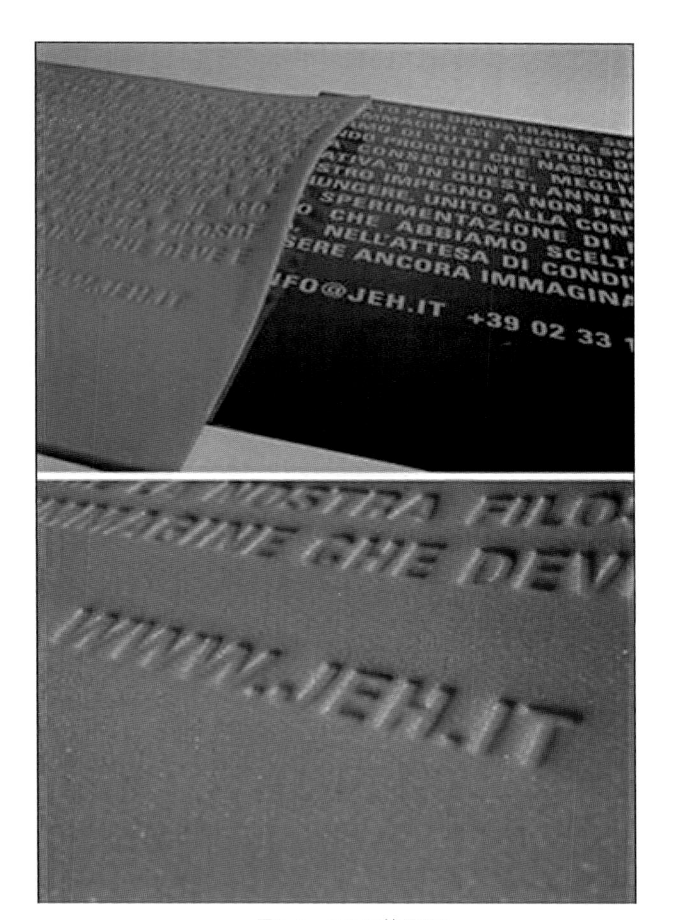

图4-5　凹凸印效果图2

压纹所用印版由两部分组成，即凹版和凸版。两版成套使用，并要求具有很好的配合精度。

由于凹凸压印是靠强压的作用在印刷物表面形成凹凸图文，所以要求原稿的线条简明，层次尽量少，画面主题部分（凸出部分）不宜过多，要注意突出画面的立体效果。

凹凸压印使用的凹版工作时承受压力较大，所以要求凹版所用版材应有足够的强度和刚性。一般情况下，选用铜板或钢板为版材，版材厚度为1.5～3.0mm。另外，为使版材表面光洁平整，应进行良好的预加工。凸版的版材一般由石膏粉和胶水配制而成。为保证压制凸版的精度，石膏粉应满足一定的细度要求。

凸版一般采用石膏材料制成，石膏粉制凸版法是先将石膏粉用强力胶水搅拌成浆状，然后将石膏浆涂布在做凸版的机器凹版上，数十分钟后再将凹版分离，即形成一个石膏凸版。石膏凸版的优点是密度较大，制作成本低，速度快，但是不耐用。

制凹版的方法主要有化学腐蚀法、雕刻法和综合法等。

① 化学腐蚀法，按一般制铜锌版的方法制模板，其主要工艺过程是在版材上涂布感光液，用正阳图底片作为原版，经晒版和凸腐蚀得到凹形的图文。这种方法速度快，操作简便，但因版面腐蚀深度一致，所以轮廓不明显，层次感较差，有时还应根据需要在腐蚀版的基础上进行雕刻加工。

② 雕刻法分人工或机械、电脑控制的手工雕刻和机械雕刻两种。手工雕刻的方法是直接在1.5～3mm

厚的铜版或钢版上进行图案雕刻。雕刻可从照相晒版或手工描绘的图文痕迹着手，然后按需要雕刻成为有层次的凹凸版。近年来，随着电子雕刻技术的迅速发展，电子雕刻凹版已经得到了很大的发展。

③ 综合法是先用化学腐蚀法将印版凹陷部位腐蚀到一定深度，在此基础上，再采用雕刻法对印版上的图文进行细加工，使其达到雕刻版的效果。此种制作方法在铜版上应用较多，要求较高，立体感较强。

（2）模切压痕

模切就是将钢刀片根据设计要求的形状排成模框，或将钢板雕刻成模框，在模切机上把印刷品或纸板轧切成所需形状的一种工艺。

压痕就是利用压线刀或压线模，通过压力在纸张或纸板上压出痕迹或留下供弯曲的槽痕，以便印刷品或板料能按预定的位置进行弯折成型，因此又称为“压线”。

模切压痕是印后加工包装制作中最常用的工艺，各种异形的海报、商标和标签，各种结构的包装盒和包装箱等，都必须通过模切压痕得以实现。

有些印刷品根据产品设计需要，需同时进行模切和压痕。一般情况下都把模切的钢刀片和压痕的钢线组合嵌排在一块模板内，在模切机上同时进行模切和压痕加工，即装刀的地方可以将纸切断，装线的地方则将纸压出折线，我们将它称为模压。

模压加工操作简便，加工精度高、质量好、速度快、成本低、见效快，被广泛应用于各类印刷品或纸板的成型加工中，成为印刷品成型加工不可缺少的一项工艺和技术。

一般模切压痕加工的工艺流程为：上版→调整压力→确定规矩→粘塞橡皮→试压模切→正式模切→整理清废→成品检查→点数包装（图4-6至图4-8）。

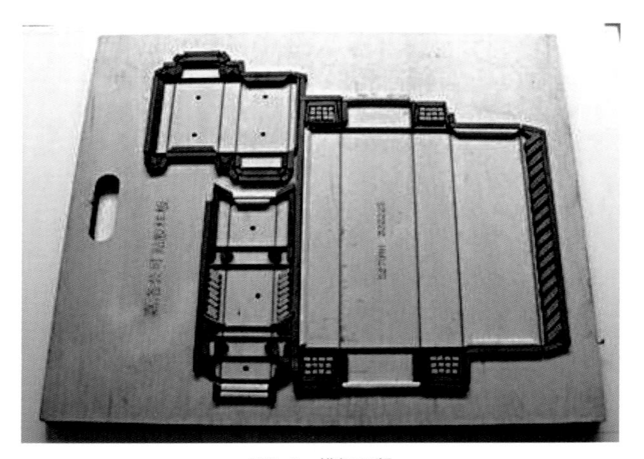

图4-6 模切刀版

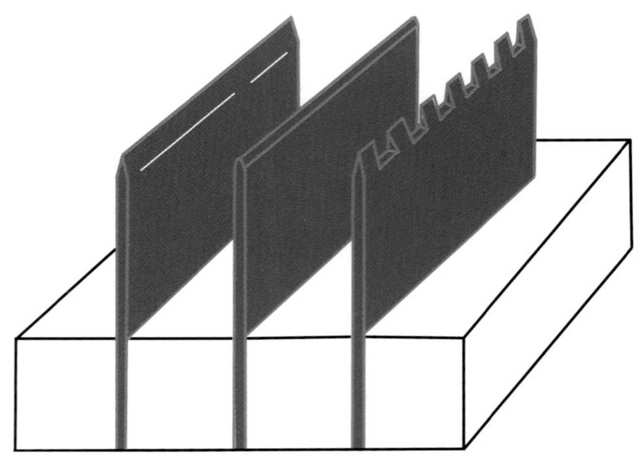

图4-7 模切刀具示意图

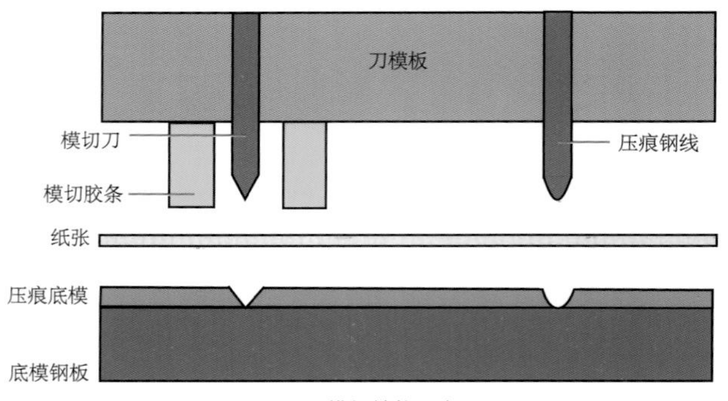

图4-8 模切结构示意图

4. 烫金工艺

借助于一定的压力和温度将金属箔或颜料箔烫印到印刷品或其他承印物上，以增加装饰效果的方法称为烫箔，俗称烫金。

现在印后表面整饰加工中所用的箔一般是电化铝，所以称为烫印电化铝。它的应用范围十分广泛，各种装潢印刷品都可以应用这种工艺来增加印刷品的外观装饰效果。

电化铝的结构上基膜层一般采用涤纶薄膜。在基膜层上涂布醇溶性染色树脂层，喷镀铝，铝层上再涂布胶粘剂，因此基膜层起着支撑这些涂层的作用。醇溶性染色树脂层决定电化铝的颜色，同时还要使涂层与基膜层结合在一起，并要在烫印温度和压力下使涂层与基膜层分离，从而保证图文部分的电化铝迅速从基膜层上脱落，转印到承印材料上。

镀铝层的作用是使颜色呈现出金属般的光泽。胶粘层的作用是使电化铝箔在烫印时能在压力作用下黏结到被烫印的材料上，要求在烫印温度下熔融，其粘结力要大于脱落层。另外，在保存时，胶粘层能起到保护铝膜的作用。胶粘层的主要成分是甲基丙烯酸酯或虫胶等。

电化铝烫印工艺包括装版和烫印两个步骤，电化铝烫印版一般选用铜版，其制版工艺与一般的凸版用铜锌版的制版工艺相同，采用照相制版的方法制成软片，再通过腐蚀等工序制成铜版，但要求比一般的凸版腐蚀得深一些。电化铝烫印的装版与凸版印刷装版的最大不同是，烫印版要装在电热板上。电热板内装有电热丝，在烫印过程中使烫印版加热。

合理选择电化铝箔，是保证烫印质量的重要因素之一。除电化铝本身的特性外，要实现电化铝的理想转移，还与合理确定烫印温度、烫印压力和烫印时间有直接关系（图4–9至图4–12）。

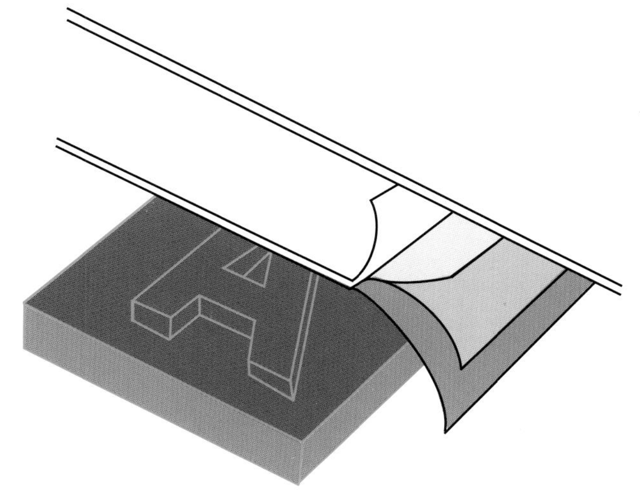

图4–9　烫金结构示意图

图4–10　烫金用模板

图4–11　烫金材料

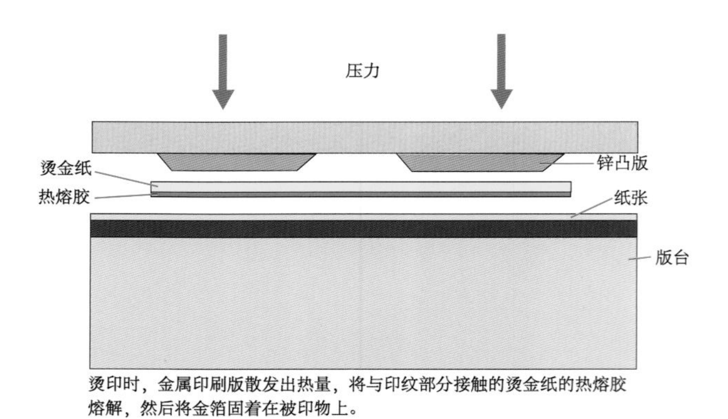
压力
烫金纸
热熔胶
锌凸版
纸张
版台
烫印时，金属印刷版散发出热量，将与印纹部分接触的烫金纸的热熔胶熔解，然后将金箔固着在被印物上。

图4-12　烫金工艺示意图

思考题

1. 印刷机由哪五大部分组成?

2. 印刷在安装印版、试印、正式印刷之前还需做哪些准备?

3. 平版印刷适合哪类印刷载体?

4. 印后包括哪些工艺，它们在印刷品表面能产生哪些效果?

5. 模切刀版在印后起什么作用，主要功能有哪些?

第五章

设计与印刷工艺实训

第一节　设计实务

为实现设计稿印刷复制的目的，纸制印刷媒体在创意设计之前完稿须掌握以下印刷工艺的要求。

1. 纸张开数

在不浪费纸张、便于印刷和装订生产作业的前提下，我们把全开纸裁切成面积相等的若干小张称为多少开数，所以，在设计之前须控制好纸张在什么尺寸内设计，以保证不浪费纸张。

2. 出血位

印刷术语“出血位”又称“出穴位”。出血位的作用主要是保护成品裁切，在非有意的情况下，使有色彩的地方完全覆盖到要表达的地方。

目前实行的出血位的标准尺寸为3mm（图5-1、图5-2），就是沿实际尺寸加大3mm的边。出血位统一为 3 mm有两个好处，一是制作出来的稿件，不用

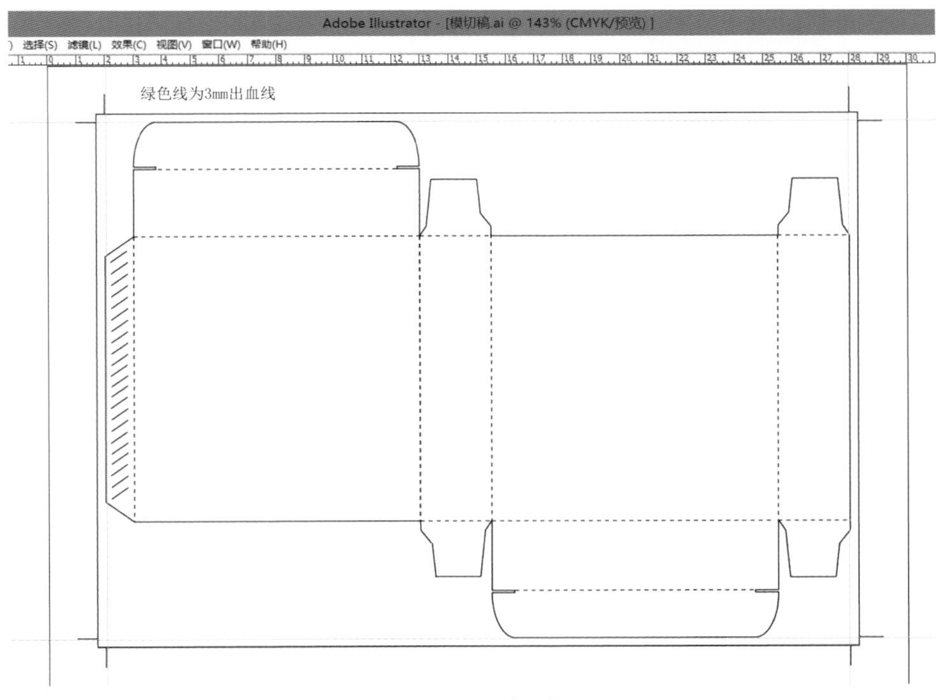

图5-1　3mm出血线

图5-2　切口线

设计者亲自去印刷厂指导如何裁切（当然最准确的形状尺寸，是按稿件中的标记裁切）；二是在印刷厂拼版印刷时，能最大限度地利用纸张的使用尺寸。一般出血线都是留 3 mm，但不是绝对的，也可以留出 5 mm，这由纸张的厚度和印刷的具体要求决定。

3. 模切（实线）、压痕（虚线）

模切在印前稿上用实线表示，压痕在印前稿上用虚线表示。

4. 标注印刷色谱颜色

设计颜色一定要对照四色色谱，否则都是专色，增加了成本。C、M、Y、K的层次变化为0%～100%，它们之间的互相叠加、混合会产生不同的色相，形成丰富的色彩层次，在印前稿的色彩（CMYK模式）对话框上对照色谱标注四色数值（图5-3）。

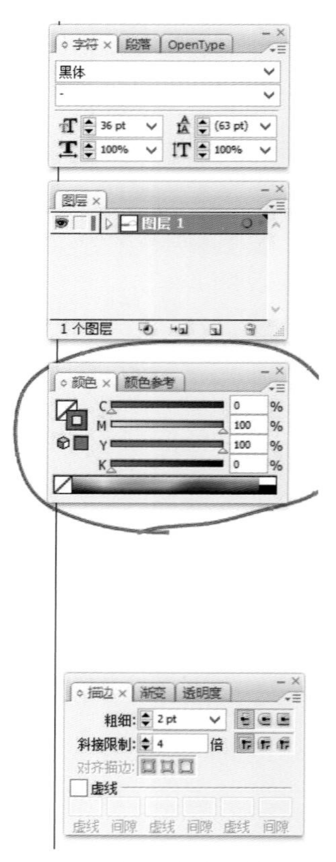

图5-3　标注印刷色

5. 文字转曲

图片经图像软件加工后，置入矢量软件中进行文字的排列与制作。文字完成排列输入后需转成图形，即转曲线（图5-4），只需在“文字”菜单中点击“创建轮廓”即可。因为字体在输出中心出胶片时，输出中心没有该字体会发生字体变动。

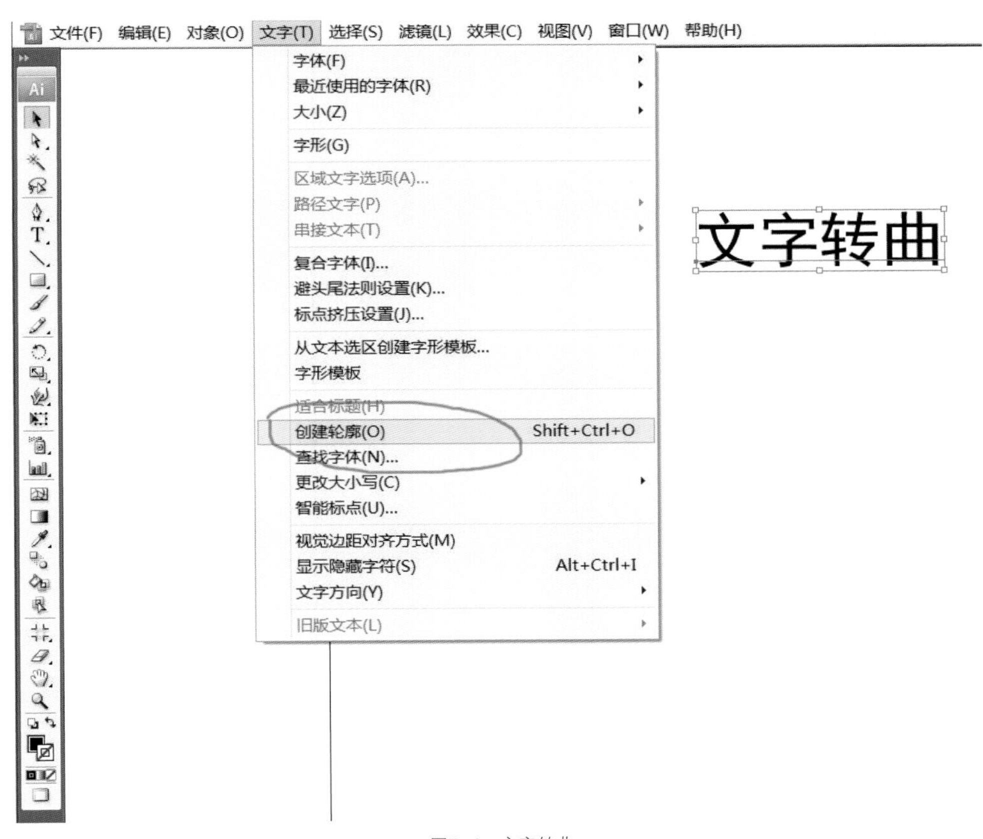

图5-4　文字转曲

第二节　书籍设计项目实训

作业名称——书籍设计（2个案例）。

作业形式——进行符合印刷出片要求的书籍设计稿制作练习。

训练目的——通过练习，对设计和印刷工艺有非常清晰的了解，掌握网点、像素、出血位、切口线、标注色谱、文字转曲等知识点。

作业要求——16开版面。

护封（包括勒口）、封面、环衬、扉页、书脊、内文、插页插图、版权页、版式等内容（图5-5至图5-20）。

图5-5　案例1　《我的视界》封面（学生作品：方璐）

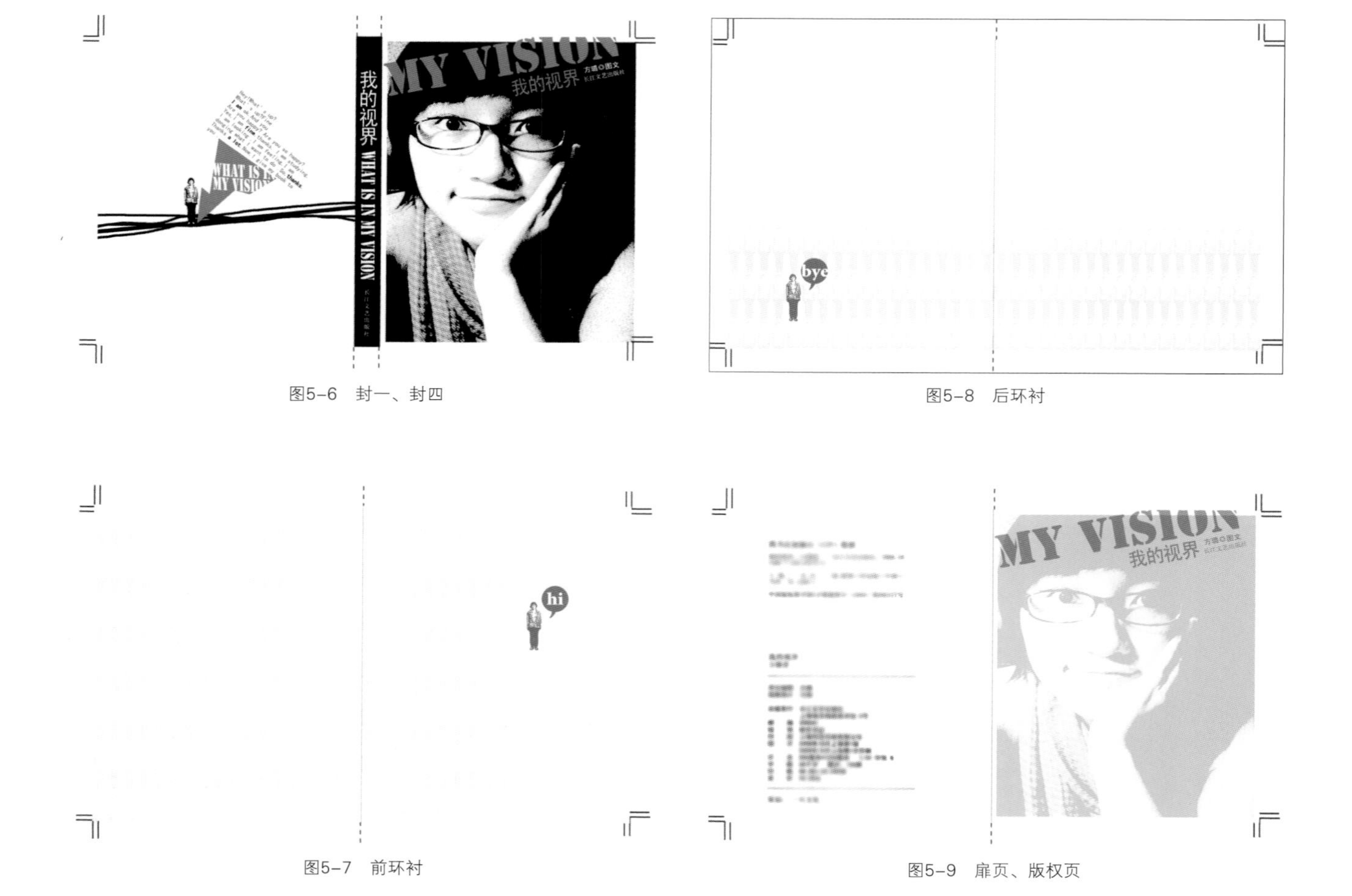

图5-6　封一、封四

图5-8　后环衬

图5-7　前环衬

图5-9　扉页、版权页

图5-10 插页

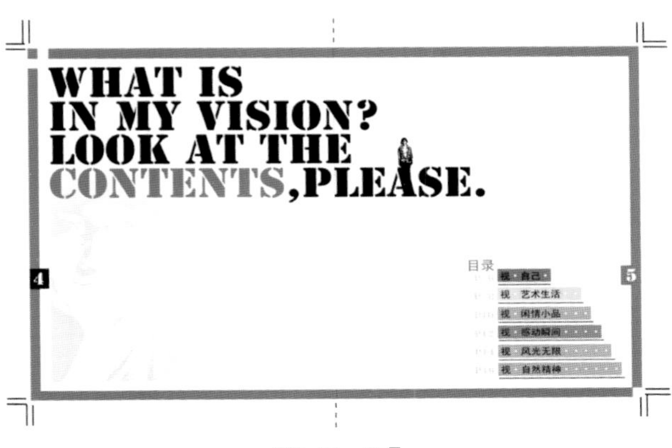

图5-11 目录

图5-12 版式（自己）

图5-13 版式（艺术生活）

图5-14 版式（闲情小品）

图5-15 版式（感动瞬间）

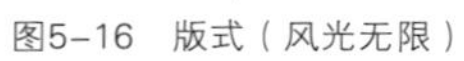
图5-16　版式（风光无限）

图5-17　版式（自然精神）

图5-18　案例2　《旅行者》封面　（学生作品：费佳维）

图5-19　内页版式

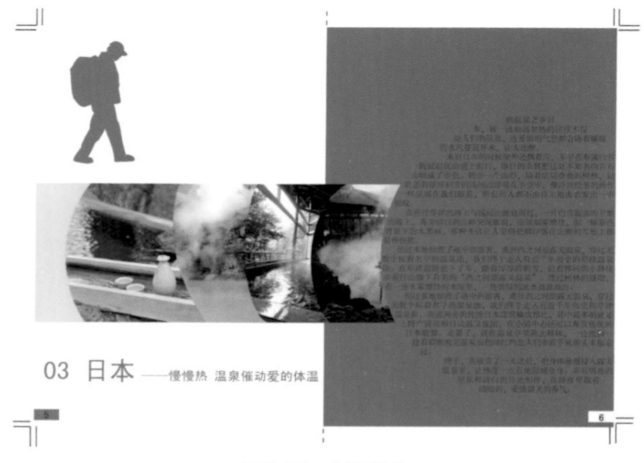

图5-20　内页版式

第三节 折页设计项目实训

作业名称——折页设计（2个案例）。

作业形式——进行符合印刷出片要求的折页设计稿制作练习。

训练目的——通过练习，对折页设计印刷工艺有正确的了解，掌握网点、像素、出血位、切口线、标注色谱、文字转曲、模切稿制作等设计常识。

作业要求——16开版面（图5-21至图5-26）。

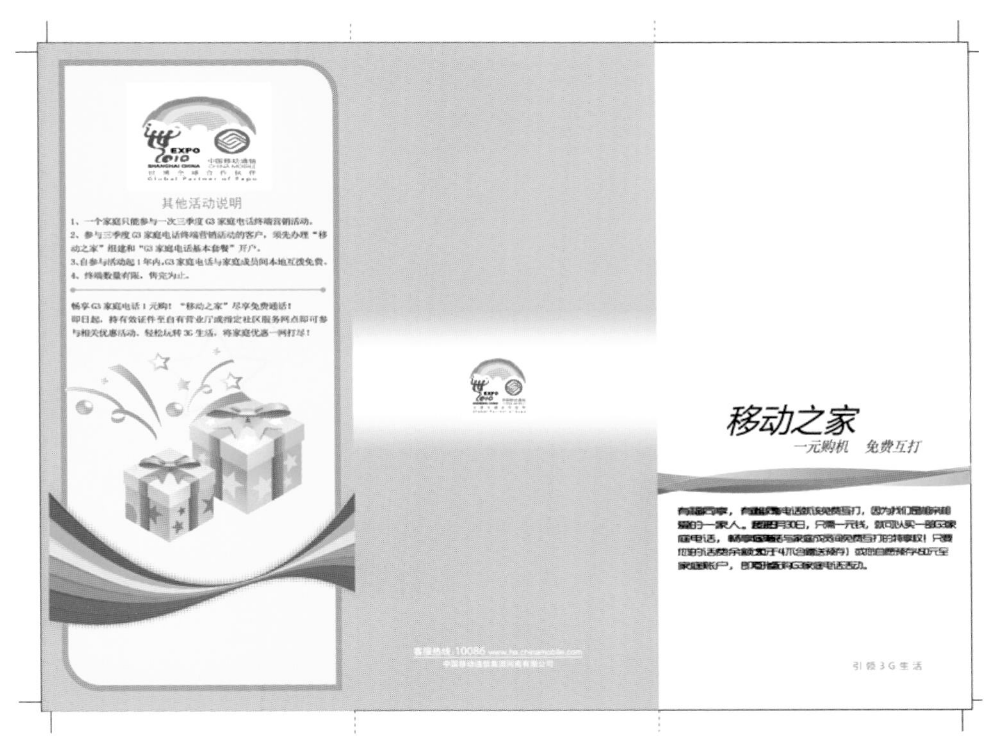

图5-21　案例1　《移动之家》——正面（学生作品：韦涛）

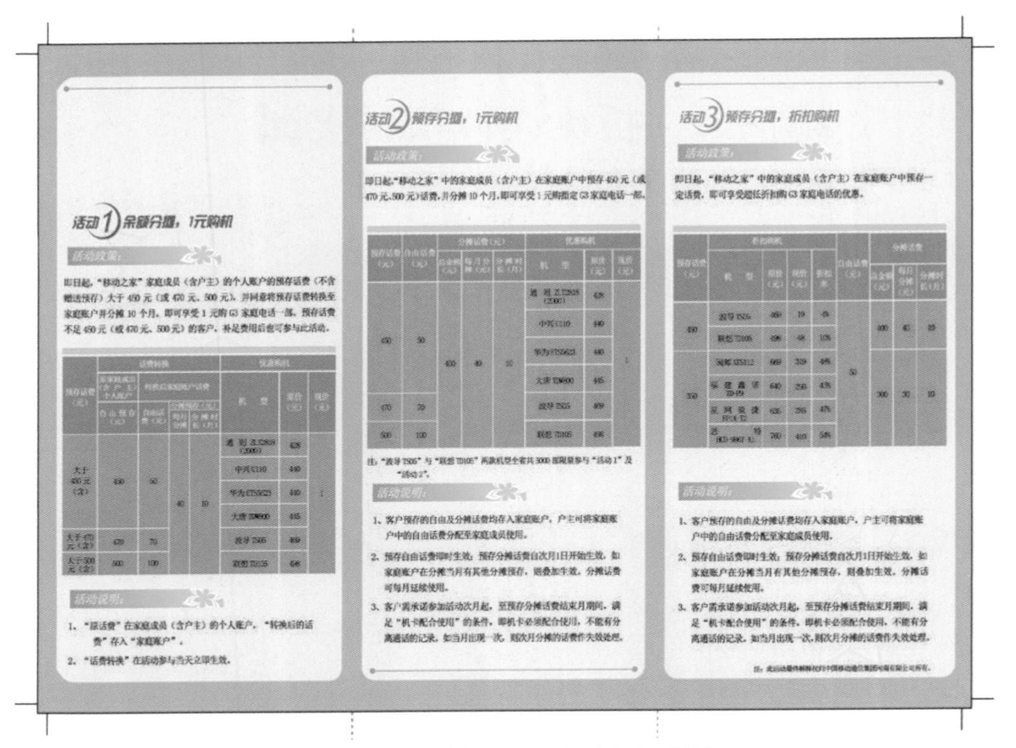

图5-22 《移动之家》——反面（学生作品：韦涛）

图5-23 模切稿

图5-24　案例2　《四维时空》——正面（学生作品：俞腾达）

图5-25　《四维时空》——反面（学生作品：俞腾达）

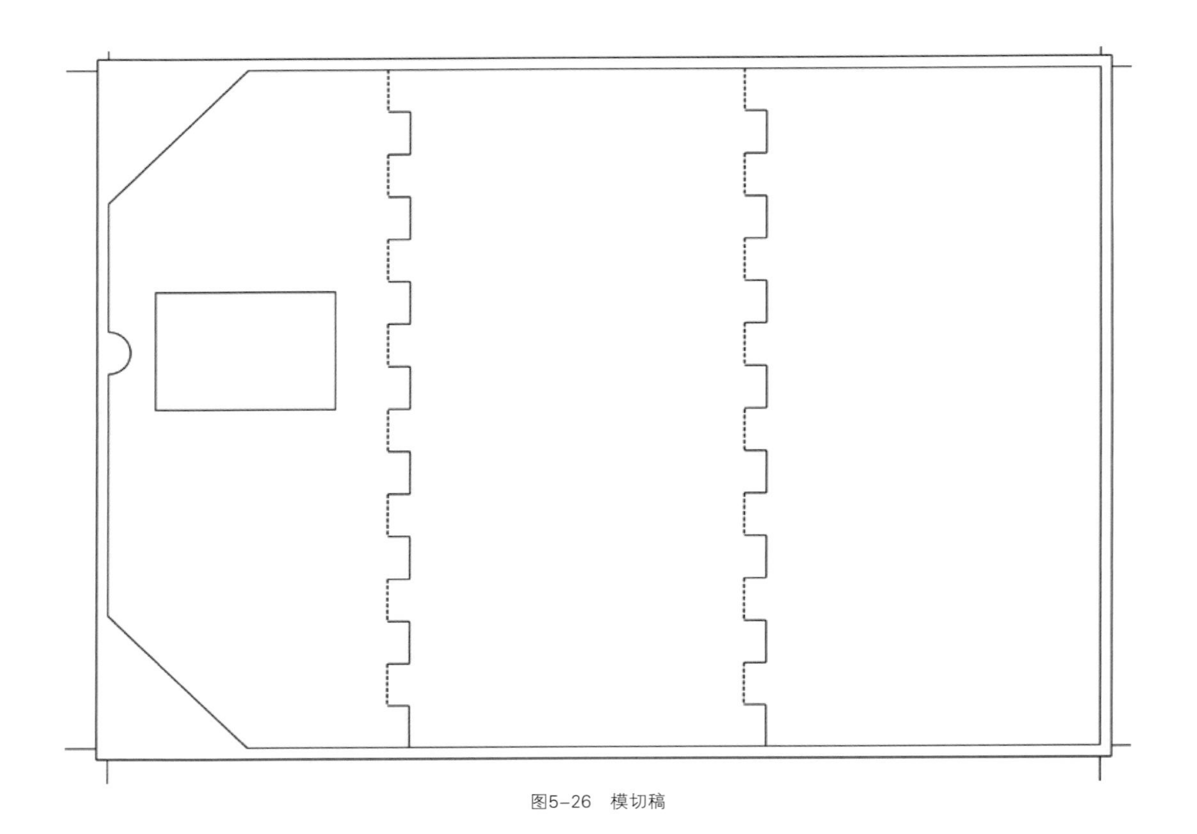

图5-26　模切稿

第四节　包装设计项目实训

作业名称——包装设计（3个案例）。

作业形式——进行符合印刷出片要求的包装设计稿制作练习。

训练目的——通过练习，对包装设计印刷工艺有正确的了解，掌握网点、像素、出血位、切口线、标注色谱、文字转曲、模切稿制作等设计常识。

作业要求——4开版面（图5-27至图5-35）。

图5-27 案例1 包装色彩稿（学生作品：顾颖芝）

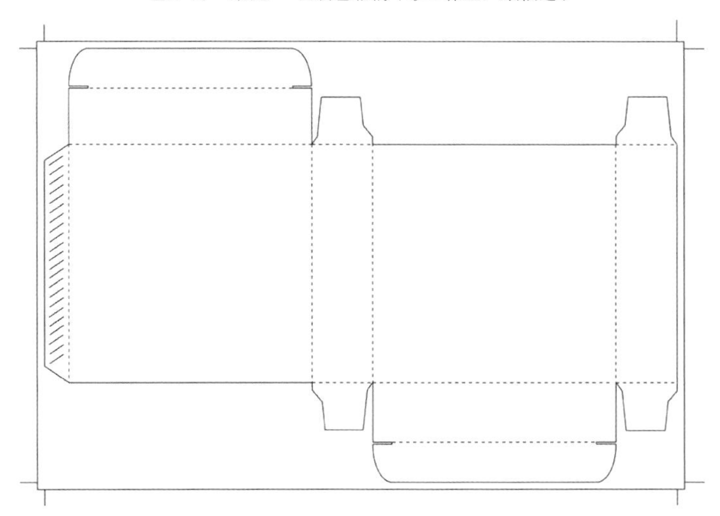

图5-28 模切稿

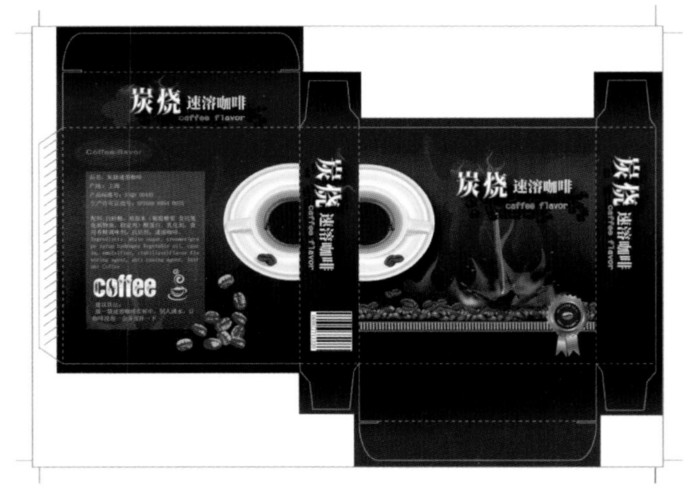

图5-29 包装色彩稿与模切稿叠加示意图

图5-30　案例2　包装色彩稿（学生作品：王聪）

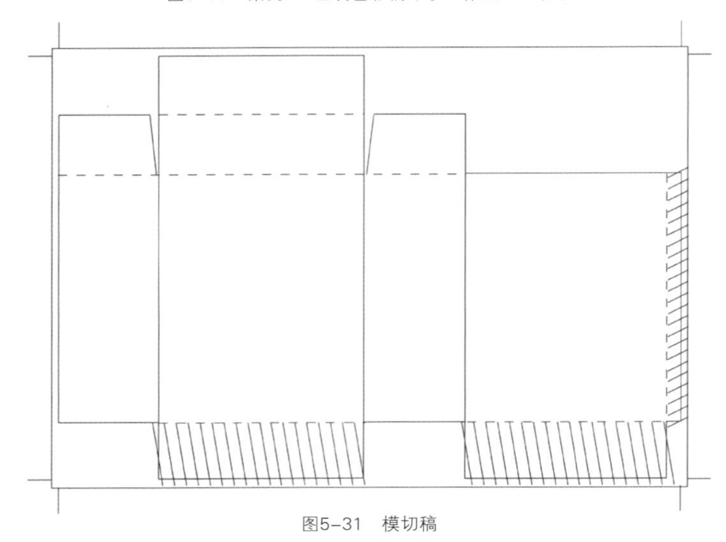

图5-31　模切稿

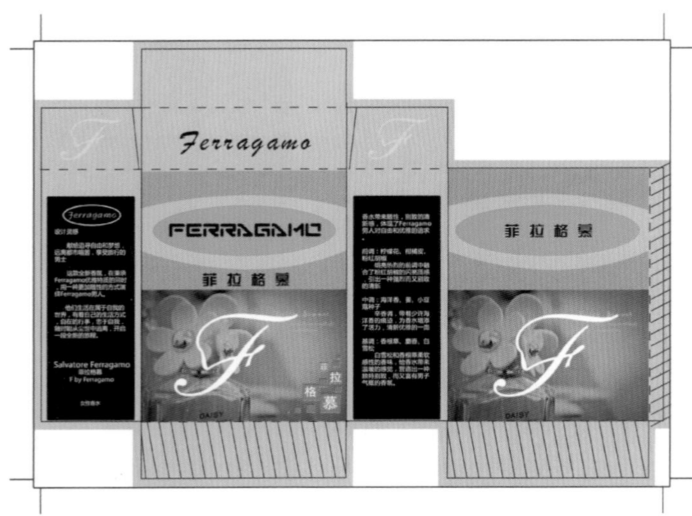

图5-32　包装色彩稿与模切稿叠加示意图

图5-33　案例3　包装色彩稿（学生作品：王凯琦）

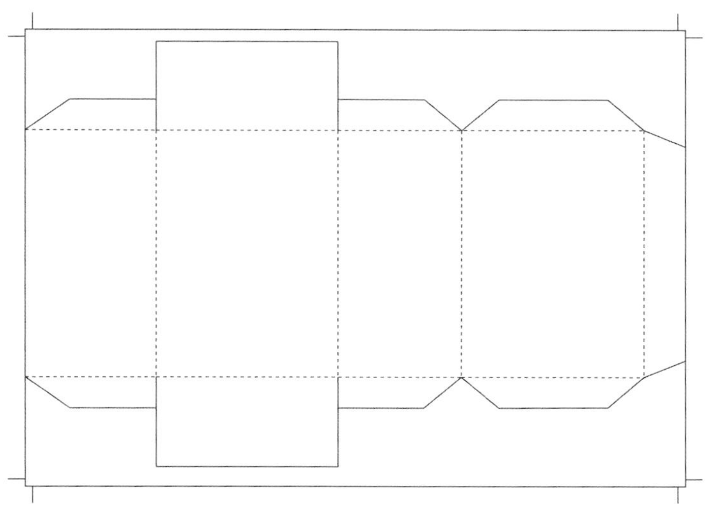

图5-34　模切稿

图5-35　包装色彩稿与模切稿叠加示意图

第五节　印刷品图片示例

印刷品图片示例如图5-36至图5-72所示。

图5-36　王绍强作品　《box》　凹凸印效果

图5-37　打孔效果

图5-38　凹凸印效果

图5-39　丝网印效果

图5-40　陈楠作品　《方寸洞天》　丝网印效果

图5-41 陈楠作品 《方寸洞天》 平版印效果

图5-42 王绍强作品 《广东省美协五十年50经典》 木制材料

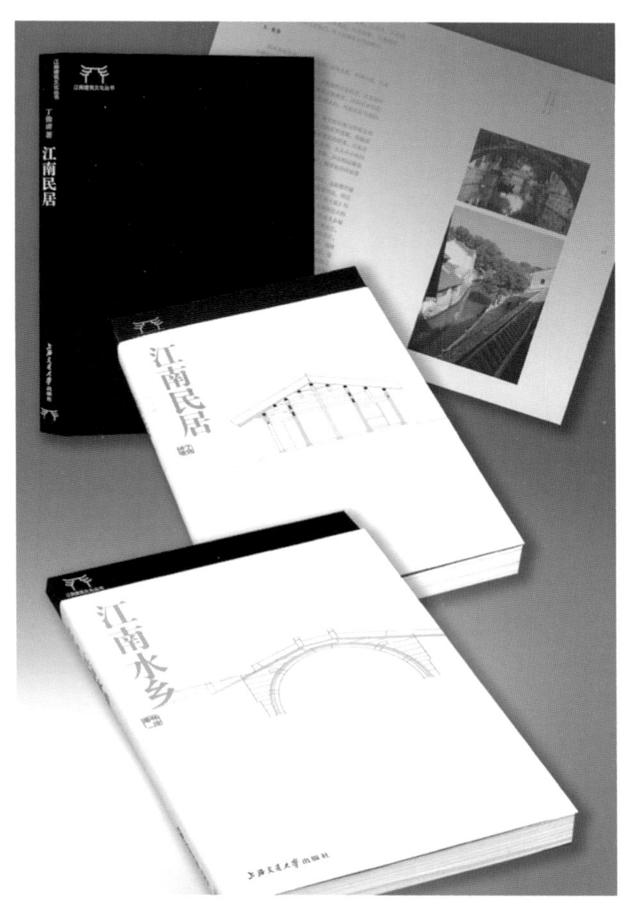

图5-44 陶雪华作品 《江南建筑文化》 平版印效果

图5-43 房惠平作品 《徽州古民居探幽》 平版印效果

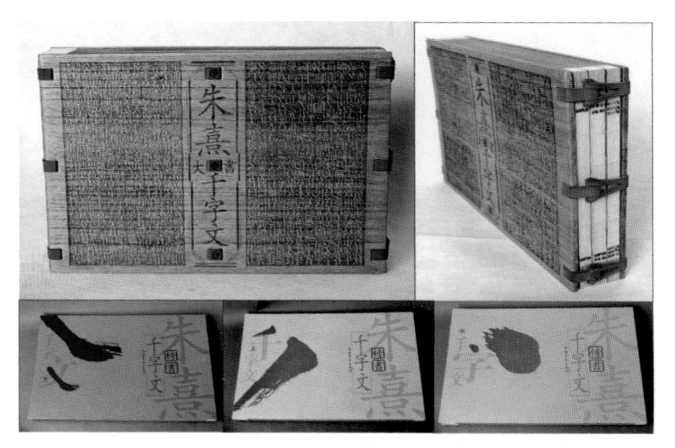

图5-45 吕敬人作品 《朱熹榜书千字文》 木制材料

图5-46　刘宏骏作品　线装笔记本设计

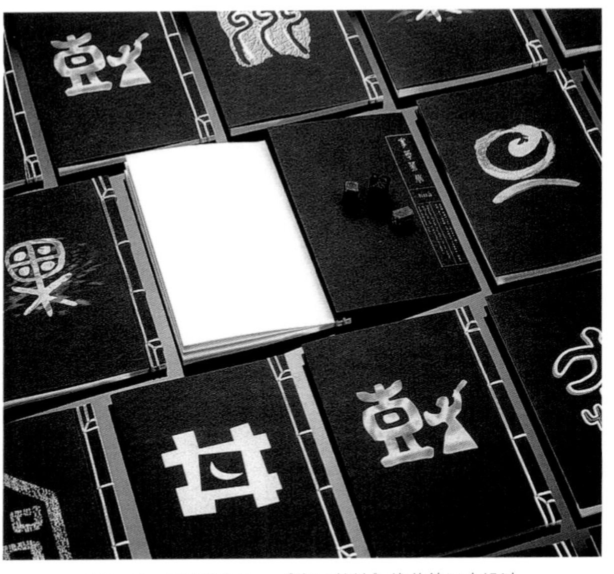

图5-48　刘宏骏作品　《字里乾坤》线装笔记本设计

图5-47　刘宏骏作品　串装练习本设计

图5-49　刘宏骏作品 透明纸张印刷的书籍效果

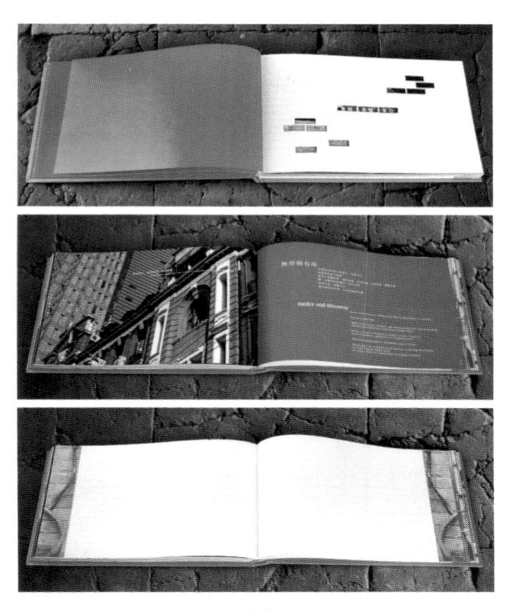

图5-50 刘宏骏作品 画册设计

图5-51 高光UV印刷效果

图5-52 荧光印刷处理效果

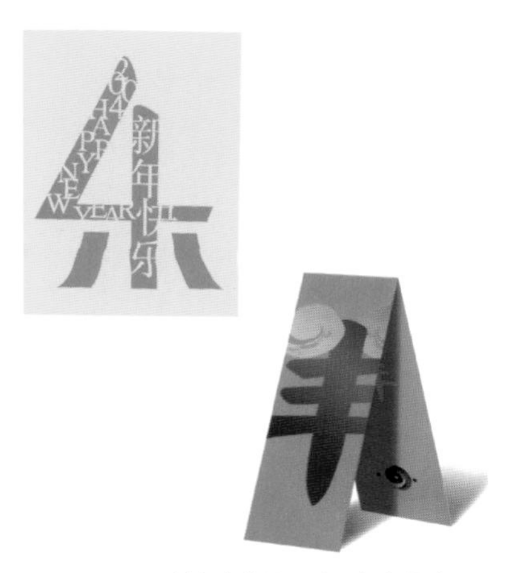

图5-53 刘宏骏作品 公司贺卡设计

图5-54 刘宏骏作品 《金舞银饰》节目单设计 文字过油的印刷处理效果

图5-55 刘宏骏作品 《爵士乐》CD盘设计

图5-56　刘宏骏作品　《联业媒体》宣传卡片设计

图5-57　丹麦Goping品牌家具样本设计

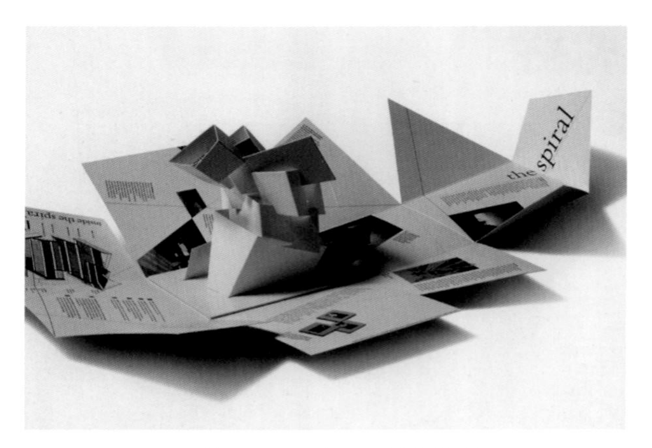

图5-58　维多利亚和阿尔伯特博物馆的样本设计

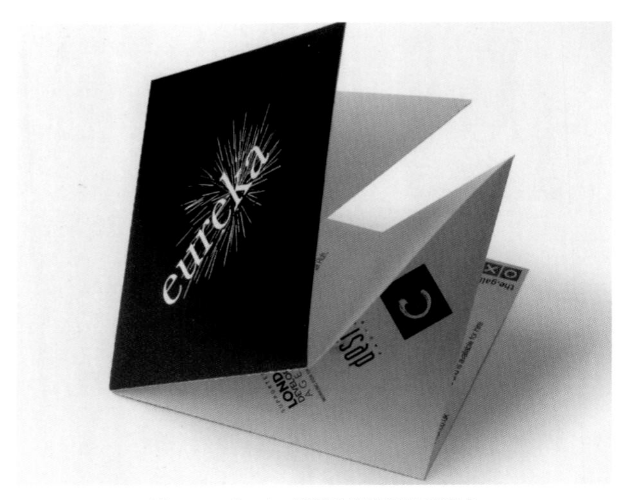

图5-59　Eureka 新设计邀请展的邀请卡

图5-60　连续式折页设计

图5-61　环型折页设计

图5-62 刘宏骏作品 《阿依达》大型景观歌剧纸质品推广设计

图5-63 潘文龙作品 包装设计

图5-65 潘文龙作品 《古风道韵》综合材料包装设计 丝网印刷效果

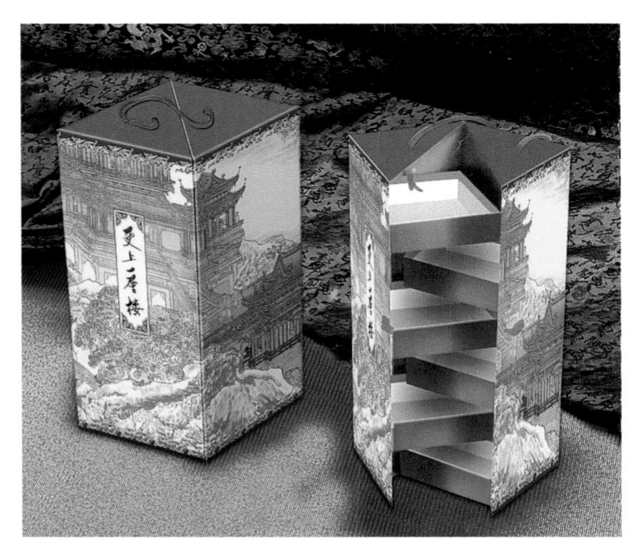

图5-64 潘文龙作品 《更上一层楼》特殊结构的包装设计

图5-66 潘文龙作品 《猴魁》高端茶业红木礼盒

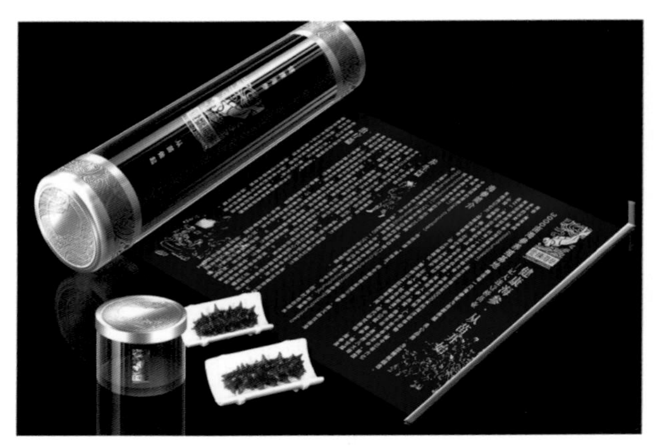

图5-67　潘文龙作品　大连《壹桥海参》　综合材料

图5-68　信用卡的印刷效果

图5-69　瓷器的印刷效果

图5-70　潘文龙作品　《向上居》茶壶红木礼盒

图5-71　金属印刷效果

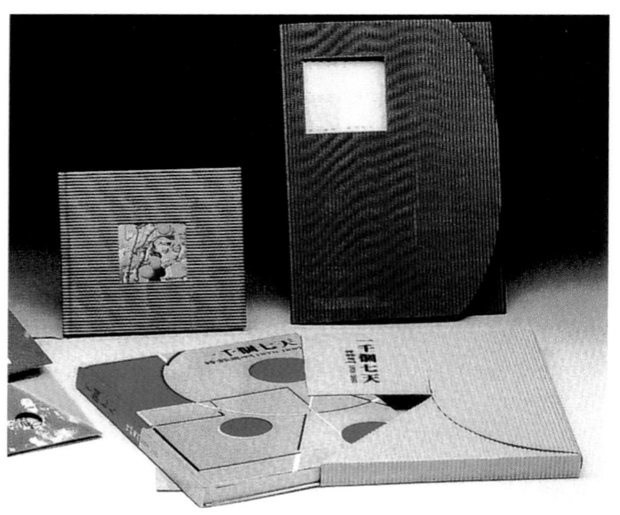

图5-72　瓦楞纸印刷效果

参考文献

[1] 赵小林. 平面设计与印刷工艺[M]. 长沙：中南大学出版社，2003.

[2] 珀皮·埃文斯. 平面设计技术标准常备手册[M]. 刘晓玲，虞琦华，译. 上海：上海人民美术出版社，2005.

[3] 林青山. 设计师实务手册[M]. 上海：上海人民美术出版社，2003.

[4] 刘丽. 印刷工艺设计[M]. 武汉：湖北美术出版社，2002.

[5] 上海市美术印刷厂，上海油墨厂. 色谱[M]. 上海：上海科学技术出版社，1990.

[6] 金国勇. 印刷工艺与实训[M]. 上海：中国出版集团东方出版中心，2008.